Meinolf Osterwinter

STEUERUNGSORIENTIERTE ROBOTERSIMULATION

Fortschritte der Robotik

Herausgegeben von Walter Ameling und Manfred Weck

Band 1
Hermann Henrichfreise
Aktive Schwingungsdämpfung an einem elastischen Knickarmroboter

Band 2
Winfried Rehr (Hrsg.)
Automatisierung mit Industrierobotern

Band 3
Peter Rojek
Bahnführung eines Industrieroboters mit Multiprozessoren

Band 4
Jürgen Olomski
Bahnplanung und Bahnführung von Industrierobotern

Band 5
George Holling
Fehlerabschätzung von Robotersystemen

Band 6
Nikolaus Schneider
Kantenhervorhebung und Kantenverfolgung in der industriellen Bildverarbeitung

Band 7
Ralph Föhr
Photogrammetrische Erfassung räumlicher Informationen aus Videobildern

Band 8
Bernhard Bundschuh
Laseroptische 3D-Konturerfassung

Band 9
Hans-Georg Lauffs
Bediengeräte zur 3D-Bewegungsführung

Band 10
Meinolf Osterwinter
Steuerungsorientierte Robotersimulation

Vieweg

Fortschritte der Robotik 10

Meinolf Osterwinter

STEUERUNGSORIENTIERTE ROBOTERSIMULATION

D82 (Diss. T. H. Aachen)

Fortschritte der Robotik

Exposés oder Manuskripte zu dieser Reihe werden zur Beratung erbeten an:
Prof. Dr.-Ing. Walter Ameling, Rogowski-Institut für Elektrotechnik der RWTH Aachen, Schinkelstr. 2, D-5100 Aachen
oder
Prof. Dr.-Ing. Manfred Weck, Laboratorium für Werkzeugmaschinen und Betriebslehre der RWTH Aachen, Steinbachstr. 53, D-5100 Aachen
oder an den
Verlag Vieweg, Postfach 58 29, D-6200 Wiesbaden.

Der Verlag Vieweg ist ein Unternehmen der Verlagsgruppe Bertelsmann International.

Umschlaggestaltung: Wolfgang Nieger, Wiesbaden
Gedruckt auf säurefreiem Papier
ISBN 978-3-528-06443-3 ISBN 978-3-322-87812-0 (eBook)
DOI 10.1007/978-3-322-87812-0

Vorwort

Die vorliegende Arbeit entstand während meiner Tätigkeit als wissenschaftlicher Mitarbeiter am Laboratorium für Werkzeugmaschinen und Betriebslehre der Rheinisch-Westfälischen Technischen Hochschule Aachen.

Herrn Prof. Dr.-Ing. M. Weck, dem Leiter des Lehrstuhls für Werkzeugmaschinen, danke ich für seine wertvollen Anregungen, seine Unterstützung und großzügige Förderung, die die Ausführung dieser Arbeit ermöglichten.

Mein Dank gilt darüber hinaus Herrn Prof. Dr.-Ing. G. Pritschow für die eingehende Durchsicht der Arbeit und die wertvollen Anregungen sowie für die Übernahme des Korreferates.

Ferner möchte ich mich bei allen herzlich bedanken, die mich durch ihre Hilfsbereitschaft bei der Durchführung der Arbeiten sowie bei der Erstellung und Durchsicht des Manuskriptes unterstützt haben.

Dieser Dank gilt besonders Frau K. Frenken, Frau W. Frilling, Frau Dipl. Inform. A. Schoeller und Herrn Dr.-Ing. F. Weiß für ihren engagierten Einsatz. Darüber hinaus möchte ich mich bei Dr.-Ing. D. Zühlke, Dr.-Ing. T. Niehaus, Frau A. Glindmeyer, Frau S. Wilms, Dipl. Ing. H. Mailänder und Dipl. Ing. B. Jacobs für die erfolgreiche Zusammenarbeit bedanken.

Nicht zuletzt danke ich meiner Frau für ihr großes Verständnis und ihre unermüdliche Unterstützung bei der Realisierung dieser Arbeit.

Inhaltsverzeichnis

Kurzzeichen

X, Y, Z	Kartesische Koordinaten des Lagevektors
A,B,C	Orientierungswinkel des Lagevektors in Nautischen Winkeln
$\alpha_1 \ldots \alpha_n$	Gelenkwinkel (achsspezifisch)
$\theta_1 \ldots \theta_n$	Gelenkwinkel (achsspezifisch)
a	Beschleunigung
v	Geschwindigkeit
X_w, Y_w, Z_w	Komponenten des raumfesten Weltkoordinatensystems
x_k, y_k, z_k	Komponenten des Kamerakoordinatensystems
x_b, y_b	Komponenten der Abbildungsebene
z_0	Entfernung des Fluchtpunkts
z_1	Abstand der Abbildungsfläche im Kamerakoordinatensystem
s	Maßstabsfaktor
α, β, γ	Rotationswinkel
x_t, y_t, z_t	Translationskoordinaten zur Änderung des Betrachterstandorts
TM	Abbildungstransformationsmatrix
$\mathbf{TM}^{-1}$	inverse Abbildungstransformationsmatrix
T	Transformationsmatrix der Translation
S	Maßstabstransformationsmatrix
R()	Transformationsmatrizen der Rotation
PT	Perspektivtransformationsmatrix
$\vec{n}$	Flächennormale
$\vec{v}$	Richtungsvektor
P	Körpereckpunkt
$\mathbf{A_n}$, **T**	Transformationsmatrizen
$\mathbf{A_n}^{-1}$, $\mathbf{T}^{-1}$	inverse Transformationsmatrizen
$\mathbf{K_n}$	Koordinatensysteme
P	Positionsmatrix
R	Orientierungsmatrix
x_w, y_w, z_w	Komponenten des Werkzeugkoordinatensystems
p_x, p_y, p_z	Komponenten der Positionsmatrix
n_x, n_y, n_z ; o_x, o_y, o_z ; a_x, a_y, a_z	Komponenten der Orientierungsmatrix
ω	Winkelgeschwindigkeit
r	Radius
t	Zeit

Begriffserläuterungen

CAD	Rechnergestützte Konstruktion (Computer Aided Design)
CAP	Rechnergestützte Arbeitsplanung (Computer Aided Planing)
CAM	Rechnergestützte Produktionssteuerung (Computer Aided Manufacturing)
NC	Numerische Werkzeugmaschinensteuerung (Numerical Control)
3D	Dreidimensional
RC	Industrierobotersteuerung (Robot Control)
FEM	Finite Elemente Methode
CIM	Computer Integrierte Fertigung (Computer Integrated Manufacturing)
LAN	Lokales Datenkommunikationsnetzwerk (Local Area Network)
IRDATA	Standardschnittstelle zur Programmübertragung an Industrierobotersteuerungen (Industrial Robot DATA)
RS 485	Schnittstellenstandard (Recommended Standard Number 485)
µP	Microprozessor
VME	Busschnittstelle für Rechner
TCP	Greiferbezugspunkt (Tool Center Point)
DNC	Rechnergeführter Steuerungsbetrieb (Direct Numerical Control)
IR	Industrieroboter (Industrial Robot)
VDI	Verein Deutscher Ingenieure
DIN	Deutsches Institut für Normung
DIN-NAM	DIN - Normenausschuß für Maschinenbau
ASCII	Standard zur Festlegung der digitalen Verschlüsselung von Zeichen
ISO	Internationales Standardisierungsorganisation (International Standard Organisation)
ISO-OSI	ISO - Referenzmodell des Open System Interconnection
Teach In	Lernprogrammierverfahren für Industrieroboter (Anfahren und Speichern)
Play Back	Lernprogrammierverfahren für Industrieroboter (Abfahren einer Bahn)
META	Formale Syntaxstruktur
SCARA	Industrierobotertyp: Horizontaler Knickarm (Selective Compliance Assembly Robot Arm)
GROSIM	Simulations- und Testsystem (Graphic Robot Simulator)
PC	Personal Computer
IGES	Internationaler Standard zum Austausch von Zeichnungsdaten (Initial Graphics Exchange Specification)

VDA-FS	Flächenschnittstelle des Verbands Deutscher Automobilindustrie zum Austausch von Rechnerdaten
STEP	Schnittstellenstandard für Geometriedaten
MED	Modelleditor

1. Einleitung

Seit Jahren expandiert der Markt für Industrieroboter. War es zunächst die Automobilindustrie, die mit ihren Roboterschweiß- und -lackieranlagen einen Automatisierungsimpuls auslöste, so werden Industrieroboter heute in zunehmendem Maße für flexibel automatisierte Fertigungsaufgaben eingesetzt /1/. Ihr Aufgabenspektrum reicht dabei von der einfachen Werkstückhandhabungsfunktion bis hin zur komplexen sensorgeführten Werkzeughandhabung, wie z.B. Lichtbogenschweißen, Entgraten oder Polieren /2/. Gleichzeitig finden Industrieroboter mehr und mehr Anwendung im Montagebereich /3/.

Durch ihre Flexibilität ermöglichen sie die leichte Anpassung an sich immer schneller ändernde Werkstückspektren und Rahmenbedingungen der Produktionsprozesse. Ihre hohe Arbeitsgeschwindigkeit ermöglicht vielfach eine Verkürzung der Durchlaufzeiten und Verbesserung der Fertigungsqualität bei Wahrung der Produktionszuverlässigkeit auf hohem Niveau. Darüber hinaus gestatten Industrieroboter, Flexibilitätsgrenzen einzelner Anlagenkomponenten zu überwinden und helfen so, Automatisierungslücken im Produktionsprozeß zu schließen /4/.

In Entwicklungs- und Fertigungsprozessen technischer Produkte hat sich die Rechneranwendung in den Industrieunternehmen auf breiter Basis bewährt. Berechnungssysteme dienen zur Analyse, Dimensionierung und Optimierung von Bauteilen. CAD/-CAP/CAM-Systeme unterstützen die Erstellung von Zeichnungen und Fertigungsunterlagen sowie die Arbeitsplanung /5/. Die informationstechnische Integration aller Produktionskomponenten in Verbindung mit einer durchgängigen Rechnerunterstützung über alle Produktionsbereiche stand im Mittelpunkt der Automatisierungsbemühungen der letzten Jahre /6/.

Die Verfahrenskette zur Steuerdatenerstellung konnte dabei für eine Reihe von Anwendungen geschlossen werden. In den meisten Fällen wurde der CAP-Bereich jedoch nur durch die NC-Programmierung repräsentiert /7/. So können heute bereits von CAD/CAM-Systemen Konstruktionsdaten der Werkstücke zur Berechnung der Werkstückoberflächen herangezogen werden, um auf Basis dieser 3D-Daten im Technologiemodul solcher Systeme die erforderlichen Werkzeugbahnen zur Werkstückbearbeitung zu bestimmen (Bild 1-1). In Abhängigkeit von Oberflächenkrümmung, Werkzeugradius und vorgegebener Toleranzen erfolgt die Berechnung aller Teilarbeitsschritte und die Generierung der notwendigen NC-Sätze der Bearbeitungsprogramme /8/.

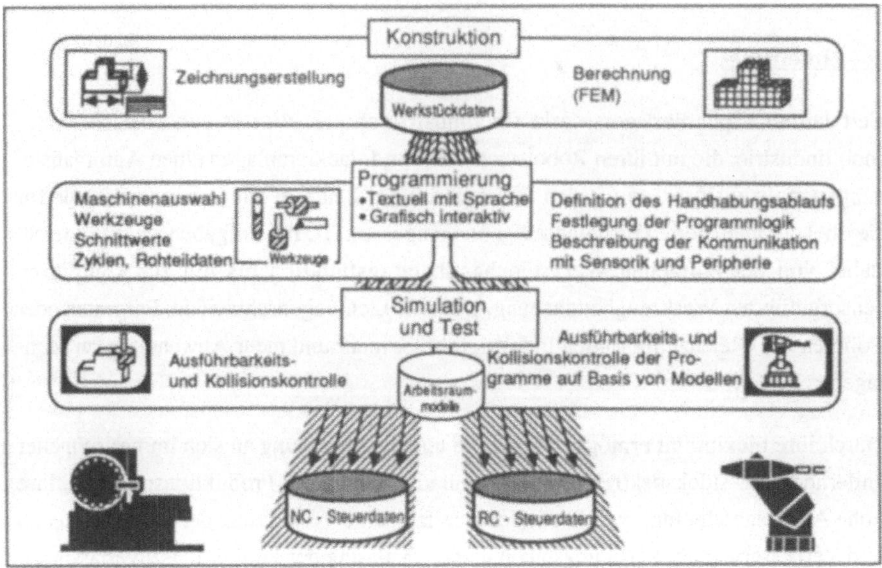

Bild 1-1: Verfahrenskette zur NC / RC - Programmerstellung in computerintegrierten Produktionsanlagen

Analog zur NC-Verfahrenskette werden Verfahren benötigt, die die Bestimmung der Programmanweisungen für die Industrierobotersteuerungen ermöglichen. Wichtigste Aufgabe ist hier die Generierung von ausführbaren, kollisionsfreien Bewegungsbahnen. Die Definition des Roboterprogrammcodes kann mit Hilfe einer problemorientierten Roboterprogrammiersprache erfolgen. In Verbindung mit geeigneten Simulationssystemen ist anschließend eine Korrektur bzw. Optimierung der Ablaufreihenfolge sowie eine Prognose der Programmlaufzeit möglich. Hier stecken die Realisierungen vielfach noch in den Anfängen, sind doch die zu lösenden Aufgaben wegen der größeren Flexibilität von Industrierobotersystemen wesentlich umfangreicher als bei NC-Systemen /9/. So ist z.B. der verfügbare Arbeitsraum einer NC-Maschine während des Bearbeitungsprozesses allein durch ihre Maschinengeometrie und die verwendeten Werkzeuge und Spannmittel sowie die Werkstückmaße eindeutig beschrieben. Beim Industrieroboter müssen dagegen durch seinen maschinenübergreifenden Arbeitsraum alle relevanten Körper in seiner Umgebung in eine Programmausführungsuntersuchung mit einbezogen werden.

Im Rahmen der vorliegenden Arbeit wird gezeigt, wie in Verbindung mit rechnergestützten Simulations- und Testwerkzeugen die Durchgängigkeit der Verfahrenskette zur Anwenderprogrammentwicklung für Industrieroboter realisiert werden kann. Ausgangsdatenbasis zur Bestimmung der Handhabungsprogramme sind die Geometriedaten der Werkstücke in den unterschiedlichen Stadien der Bearbeitung. Die Verwendung von standardisierten Schnittstellen sowohl zur Werkstückbeschreibung als auch zur Übergabe des Programmcodes in die Industrierobotersteuerung unterstützt die notwendige Durchgängigkeit des Informationsflußes im Sinne des CIM-Gedankens.

2. Stand der Technik im Bereich der Aufgabensimulation von Industrierobotern

Arbeitsgeschwindigkeit, Präzision und Vielseitigkeit haben dem Industrieroboter (IR) immer neue Anwendungsgebiete und Aufgaben innerhalb der flexibel automatisierten Produktionstechnik erschlossen /10/. Wegbereitend war hier vor allem die Automobilindustrie, die den Industrieroboter nicht nur in den schon klassischen Einsatzgebieten wie Schweißen von Karosserieteilen und Be- und Entladen von Maschinen einsetzte, sondern durch Einsatz von Robotern der automatisierten Montage neue Impulse verlieh. Die Anstrengungen zur Realisierung der Golf-Montagehalle 54 bei VW stellen hierzu nur ein erstes markantes Beispiel dar /11/.

Mittlerweile hat sich hieraus ein breitgefächertes Anwendungsspektrum für Industrieroboter entwickelt, das sich über die Kleinteilemontage in der Feinmechanik und Elektronik bis hinein zur Prozeßtechnik in der Halbleiterherstellung erstreckt /12, 13, 14/.

2.1 Steuerungen für Industrierobotersysteme

Der zunehmende Einsatz von Industrierobotern in immer neuen Anwendungsgebieten beruht nicht zuletzt auf der ständig erweiterten Funktionalität der zugehörigen Steuerungskomponenten. Verantwortlich für diesen Trend ist die rasante Weiterentwicklung der Elektronikhardware sowie die Verwirklichung neuer modularer Systemarchitekturen, die eine Anpassung an die speziellen Anforderungen einer Einzelanwendung im Rahmen des Steuerungsgesamtkonzepts ermöglichen /15, 16/.

Je nach Robotertyp und Aufgabe bestehen bei ihren Steuerungen unterschiedliche Anforderungen bezüglich des Speicherbedarfs, der Rechenkapazität und der Rechengenauigkeit. Typischerweise werden in Robotersteuerungen Prozessoren mit 16- oder 32-Bit Datenwortlänge verwendet. Sie übernehmen u.a. die Aufgaben der Prozeßsteuerung, der Informationsaufbereitung, der Kommunikation mit Bediener und Prozeßebene, der Befehlsinterpretation sowie der Bahnsteuerung, Koordinatentransformation und Lageregelung /17, 18, 19/.

Als Echtzeitsystem stellt eine Robotersteuerung besonders hohe Anforderungen an die Verarbeitungsgeschwindigkeit und Systemreaktionszeiten. Daher werden in neueren Steuerungssystemen zusätzliche Achsprozessoren eingesetzt, die die Dynamik der Lageregelung verbessern und Rechenleistung im Bereich der Hauptprozessoren für zusätzliche Aufgaben freimachen. Neben dem üblicherweise zentralen Aufbau von Robotersteuerungen werden zunehmend auch dezentralisierte Systeme realisiert, in denen Achskontroller und Sensordatenverarbeitungssysteme direkt vor Ort in der

Roboterachse bzw. im Sensorsystem eingesetzt werden. Der zusätzliche Einsatz lokaler Netze (LAN) innerhalb solcher Systeme, als Kommunikationsweg zwischen Zentralprozessoreinheit und den peripheren Achskontrollern bzw. Sensorsystemen, bietet die Möglichkeit, den höheren Verdrahtungsaufwand dezentraler Systeme zu vermeiden. Gleichzeitig bietet ein solcher Systemaufbau die Basis für ein offenes Steuerungskonzept (Bild 2-1). Eine Anpassung der Systemkonfiguration an die speziellen Anforderungen einer Anwendung wird so durch zusätzliche Anschaltung weiter dezentraler Steuerungsmodule am LAN erleichtert /20/.

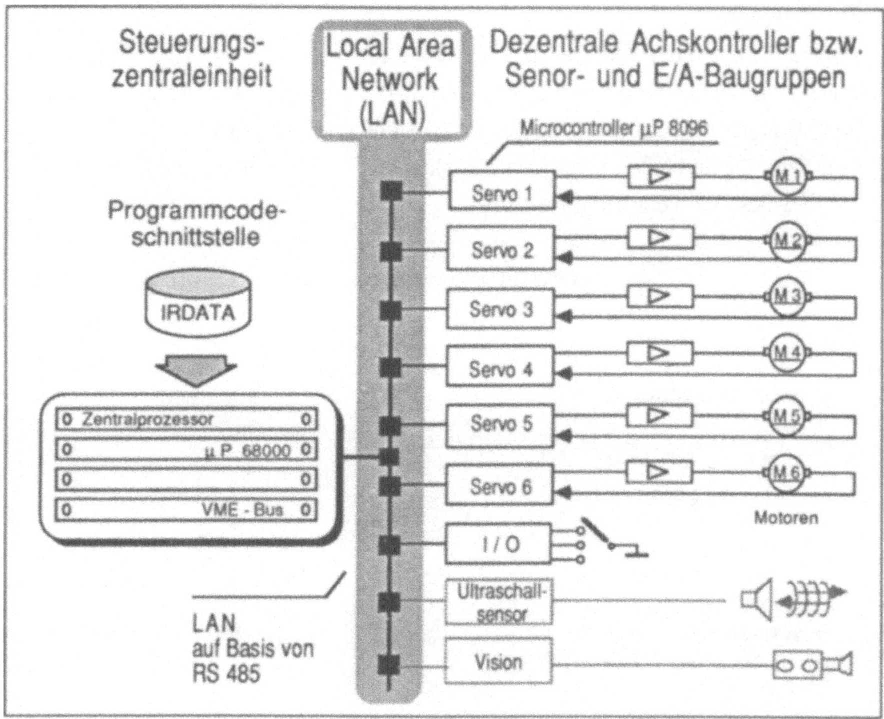

Bild 2-1: Strukturübersicht einer Industrierobotersteuerung mit dezentralen Achskontrollern und Sensorbaugruppen sowie interner Kommunikation über LAN (nach APA)

2.1.1 Programmfunktionen von Industrierobotersteuerungen

Die Leistungsfähigkeit eines Industrierobotersystems wird in hohem Maße durch den Umfang und die Komplexität der Anwenderprogrammfunktionen charakterisiert. Zum Sprachumfang heutiger Robotersteuerungen gehören neben den reinen Bewegungsanweisungen Programmablaufanweisungen, Ein-/Ausgabe- sowie Speicheranweisungen, boolsche Verknüpfungen, Arithmetikanweisungen und Sonderfunktionen /21, 22/ (Bild 2-2).

Bewegungsanweisungen gehören zu den wesentlichen Basisanweisungen für eine Industrierobotersteuerung. Man unterscheidet im allgemeinen die Bewegungsoperationen:

- PTP (Point to Point), bei der die Bewegung des Industrieroboters von der Istposition zur Sollposition des Tool Center Points (TCP) auf beliebiger Bahn im Raum ausgeführt wird. Nur Ausgangs- und Zielpunkt sind in einer PTP-Bewegung detailliert festgelegt.
- Lineare Bahn, wo der Tool Center Point des Industrieroboters mit vorgeschriebener Orientierung sowie mit definierter Bahngeschwindigkeit und -beschleunigung auf der Verbindungsstrecke zwischen Ist- und Sollposition gesteuert wird.
- Kreisbahn, die durch Definition von 3 Punkten im Arbeitsraum des Industrieroboters den Weg des TCP's eindeutig festgelegt.

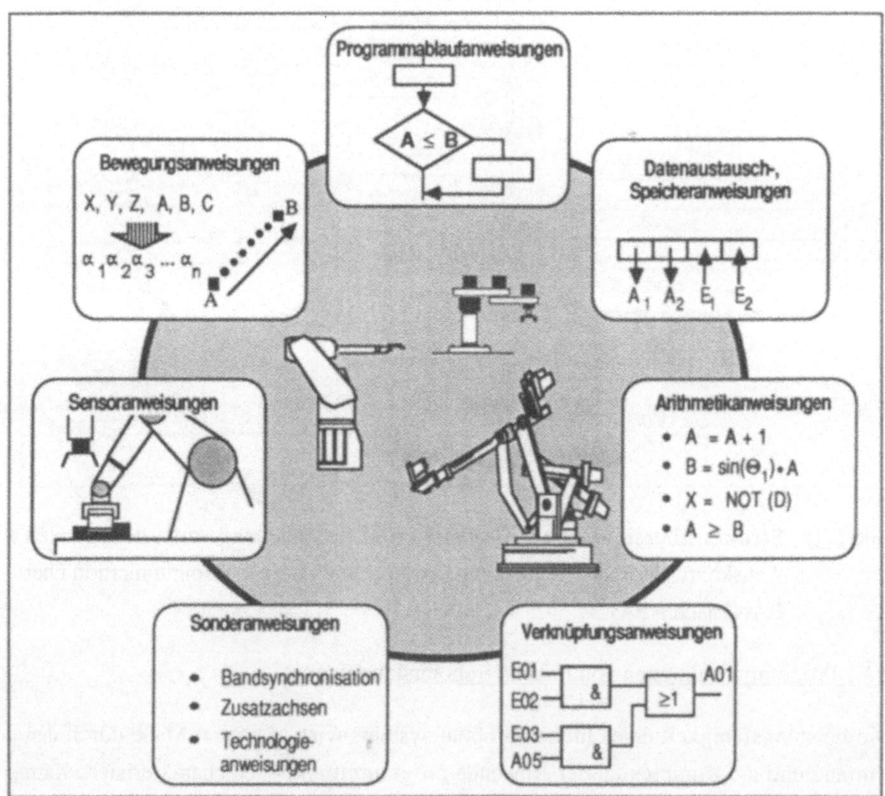

Bild 2-2: Programmfunktionen von Industrierobotersteuerungen

Steuerungen mit größerem Leistungsumfang bieten zusätzliche Funktionen zur Verwaltung von Sensoren und Zusatzachsen. Darüber hinaus bieten einige Systeme weitere technologieorientierte Spezialfunktionen wie Bandsynchronisation, Pendeln oder Palettieren /23/.

2.1.2 Kommunikationsschnittstellen moderner IR-Steuerungen

Neben dem Leistungsumfang der Anwenderprogrammfunktionen haben für moderne Industrierobotersteuerungen deren Kommunikationsschnittstellen stark an Bedeutung gewonnen, stellen sie doch die Basis für die informationstechnische Einbindung des Industrieroboters in leistungsfähige computerunterstützte Produktionskonzepte dar. Zum Austausch von Anwenderprogrammen und -daten sowie zur Übermittlung von Systemzustandsmeldungen während der Programmausführung (Direct Numerical Control, DNC) ist daher die Realisierung von leistungsfähigen Schnittstellen und Kommunikationsprotokollen notwendig.

2.1.2.1 DNC - Funktionen moderner Robotersteuerungen

Der DNC-Funktionsumfang heutiger Industrierobotersteuerungen ist stark herstellerspezifisch. Trotz seiner Bedeutung für die automatisierte Produktion stecken die Standardisierungsbemühungen zur Zeit noch in den Anfängen, wodurch eine informationstechnische Integration von Robotersteuerungen unterschiedlicher Hersteller erschwert wird. Im allgemeinen müssen für Industrierobotersteuerungen trotz vergleichbarem Leistungsumfang der DNC-Schnittstellen jeweils steuerungsspezifische Schnittstellenspezifikationen und Kommunikationsprotokolle erfüllt werden.

Bei den verschiedenen DNC-Funktionen ist zu unterscheiden, in welcher Kommunikationsrichtung, bei welchem Systemmodus der Steuerung und von welchem Kommunikationspartner Daten in welchem Format ausgetauscht werden können.

Die verschiedenen Industrierobotersteuerungen bieten je nach Ausbaugrad Kommunikationsfunktionen

- zur Programmsteuerung,
- zum Austausch aktueller Programmdaten,
- zur Übergabe des aktuellen Betriebszustandes,
- zur Alarmbearbeitung,
- zum Austausch von Systeminformationen,

die vorrangig wichtig für die Fertigungssteuerung sind (Bild 2-3) /24/.

Für den Aufbau einer geschlossenen Verfahrenskette zur RC-Programmgenerierung sind vor allem die DNC-Funktionen von Bedeutung, die den Austausch von vollständigen Programmen ermöglichen. In der Regel ist der Austausch von Programmen zunächst nur in dem steuerungsspezifischen Format in der steuerungsspezifischen Roboterprogrammiersprache möglich. Erst mit dem zunehmenden Einsatz von textuellen Offline-Programmierverfahren wurde der Bedarf für eine einheitliche steuerungsunabhängige Schnittstelle für Anwenderprogramme deutlich und führte für diesen speziellen DNC-Funktionsbereich zur Spezifikation der IRDATA-Schnittstelle.

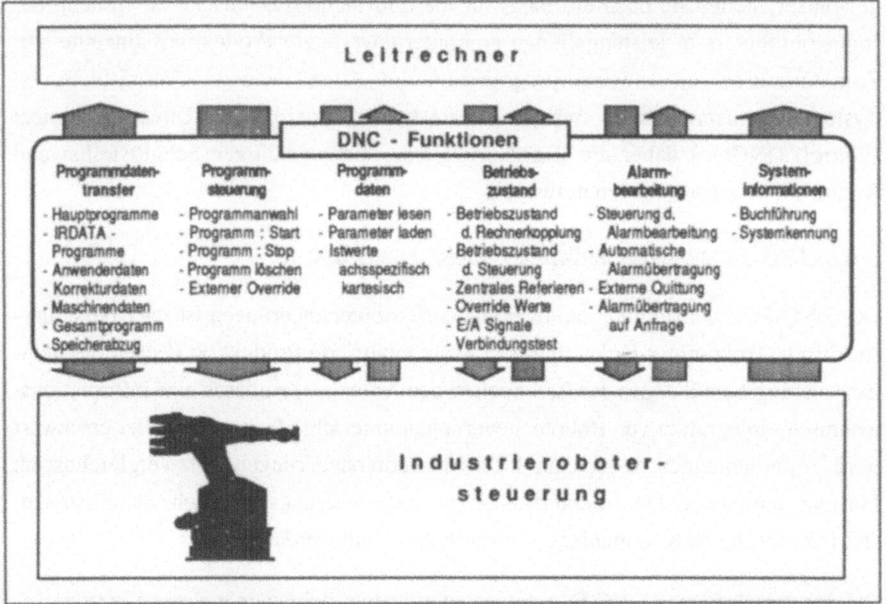

Bild 2-3: DNC - Funktionen moderner Industrierobotersteuerungen nach /24/

2.1.2.2 Standard Schnittstelle IRDATA

Zur Standardisierung einer Schnittstelle zwischen Programmiersystemen und numerisch gesteuerten Handhabungseinrichtungen arbeiten seit geraumer Zeit Anwender, Hersteller und Hochschulinstitute im Gemeinschaftsausschuß des DIN-NAM und VDI für "Steuerungen von Montage- und Handhabungseinrichtungen einschließlich Industrierobotern" zusammen. Als Ergebnis dieser Bemühungen wurde im Dezember 1987 Blatt 1 der Richtlinie VDI 2863 mit dem Namen "IRDATA" (Industrial Robot DATA) verabschiedet /25/.

Durch Mitarbeit aller führenden Robotersteuerungshersteller ist gewährleistet, daß IRDATA den gesamten Anweisungsumfang moderner Steuerungen abbilden wird. Dazu spezifiziert die IRDATA-Richtlinie in verschiedenen Satztypen (Bild 2-4) den Funktionsumfang einer Obermenge von Steuerungsanweisungen in einem verallgemeinerten Datenformat. Neben den Anweisungen zur Durchführung der Roboterbewegungen sind darin unter anderem Satztypen zur Ausführung von boolschen und arithmetischen Operationen usw. enthalten.

IRDATA - Satztypen	Beschreibung der Funktionalität
1000 Eingabefolge	laufende Zeilennummer der Anweisung aus dem Anwenderprogramm
2000 Steueranweisungen	Steueranweisungen zur Bewegungsausführung
3000 Arbeitsbereich	Beschränkung des Arbeitsbereiches
5000 Position Orientierung	Anweisung zur Ausführung der Bewegung
9000 Maßeinheiten	Anweisungen über die Längen- und Winkelmaßeinheiten
14000 Datenlisten	Anweisungen zur Übertragung von Datenlisten
17000 Werkzeugbeschreibung	Anweisungen zur Werkzeugbeschreibung
18000 Test- Bedienfunktionen	Testkommandos, die nicht Bestandteil des IRDATA-Codes sind
19000 Kinematik	Anweisungen zur kinematischen Struktur des Industrieroboters
20000 Sensorfunktionen	Anweisungen zur Sensorbeschreibung
21000 Arithmetik	Anweisungen für mathematische Operationen
22000 Programmablauf	Programmstrukturierung, Steuerung und Speicherverwaltung
23000 Datenaustausch	Anweisungen zum Datenaustausch mit der Prozeßperipherie
24000 Zielverfolgungsoperationen	Anweisungen zur Beschreibung von Zielverfolgungsoperationen

Bild 2-4: Satztypen und Funktionsumfang der IRDATA-Schnittstelle

Neben der Übertragung von Programmanweisungen für den Industrieroboter ist auch die Übergabe von programmunabhängigen Positionsdaten in IRDATA vorgesehen. Auf diese Weise ist eine Trennung der häufig zu ändernden Daten vom eigentlichen Programm und ihre separate Bearbeitung z.B. in CAD-Systemen, durch Teach-In-Verfahren oder mit Texteditoren vorgesehen /25, 26/.

Ein ausführbares IRDATA-Anwenderprogramm besteht aus einer Folge von Datensätzen im ASCII-Zahlencode und ist wie folgt strukturiert. Mit dem Schlüsselcode für Programmbeginn wird jedes Programm eröffnet. Daran schließt sich in einem Vereinbarungsteil die Codierung von Prozeduren, Tasks und Datenlisten in beliebiger Reihenfolge an. Der darauffolgende Ausführungsteil enthält die IRDATA- Sätze zur Beschreibung der Anweisungen des Anwenderhauptprogramms. Abgeschlossen wird das gesamte Programm mit dem IRDATA-Satz für das Programmende (Bild 2-5).

Neben den Programmdatenformat bestimmt die IRDATA-Richtlinie auch das Übermittlungsprotokoll nach DIN 66267 Teil 1 zur gesicherten Übertragung des IRDATA-Codes. Dieser Protokollstandard wurde zur Realisierung der Knotenverbindung zwischen dem Programmiersystem und der Industrierobotersteuerung gewählt und entspricht damit funktional der Ebene 1, 2 und 4 des ISO/OSI-Schichtenmodells.

IRDATA - Code

```
1, 22100, 2, 15, 0, 'BSP_PROGRAMM';
2, 22200, 0, 0, 2, 16;
3, 1000, 1;
4, 1000, 3;
5, 2003, 0, 132,1,50;
6, 1000, 4;
7, 21400, 16, 2, 1, 132, 1, 500.0, 132, 1, 600.0, 132, 1, 800.0,
                132, 1, 0, 132, 1, 180.0, 132, 1, 0;
8, 5000, 0, 16, 2, 1, 0, 0;
9, 1000, 5;
10, 21400, 16, 2, 2, 132, 1, 600.0, 132, 1, 500.0, 132, 1, 800.0
                132, 1, 0, 132, 1, 180.0, 132, 1, 0;
11, 5000, 8, 16, 2, 2, 0, 0;
12, 1000, 6;
13, 22210;
14, 22190;
15, 22150;
```

Erläuterungen zum IRDATA - Code :

1	Programmbeginn
2	Eröffnung eines neuen Blocks zur Speicherverwaltung
3, 4, 6, 9, 12	laufende Zeilennummer der bearbeiteten Quellcodeanweisung
5	Vorgabe der Geschwindigkeit
7,10	Erzeugen eines Frames bestehend aus Position und Orientierung
8	Ausführung einer PTP - Bewegung
11	Ausführung einer Linearbewegung
13	Blockende und Freigabe des Speicherplatzes des zuletzt geöffneten Blocks
14	Programmstop
15	Programmende

Bild 2-5: Programmbeispiel im IRDATA-Datenformat

2.1.3 Programmentwicklungswerkzeuge für Industrierobotersysteme

Die verbreitetesten Programmierverfahren für Industrieroboter sind nach wie vor "Teach In" und "Play Back", bei denen der Roboter in der Programmierphase vom Bediener vor Ort geführt wird /27/. Mit diesen prozeßnahen Programmierverfahren können vor allem Roboterpositionen besonders einfach und sehr anschaulich definiert werden (Bild 2-6).

Beim "Teach In" wird der Industrieroboter mit einem Programmiergerät der Steuerung mit Hilfe von Verfahrtasten bzw. per Steuerknüppel von Raumpunkt zu Raumpunkt verfahren. Per Knopfdruck können für die Zielstellungen der Bewegungen des Industrieroboters entweder die einzelnen achsspezifischen Stellungen oder bei kartesischer Zielpunktbeschreibung die Zielposition und -orientierung des Tool Center Points (TCP) in der Steuerung gespeichert werden. Auf diese Weise können mit Hilfe der Bedieneinheit der Steuerung und dem tragbaren Programmiergerät am Industrieroboter vollständige Anwenderprogramme entwickelt und ausgetestet werden.

Beim "Play Back" erfolgt die Definition des Roboterprogramms analog zum "Teach In" an der Industrierobotersteuerung. Im Unterschied zum "Teach In" werden jedoch nicht

nur Zielpunktinformationen der Roboterbewegung gespeichert, sondern der vorgesehene Bewegungsablauf wird durch eine Folge kleiner Teilbewegungen von der Steuerung registriert. Hierzu erfolgt die Führung des Roboters oder eines kinematisch gleichen Ersatzmodells mit entkoppelten Antrieben auf der vorgesehenen Bewegungsbahn. Die Steuerung speichert dabei in einem festen Zeitraster die Raumbahndaten mit ihren zugehörigen Geschwindigkeits- und Beschleunigungsparametern ab. Anwendung findet dieses Verfahren besonders häufig bei der Programmierung von Lackierrobotern.

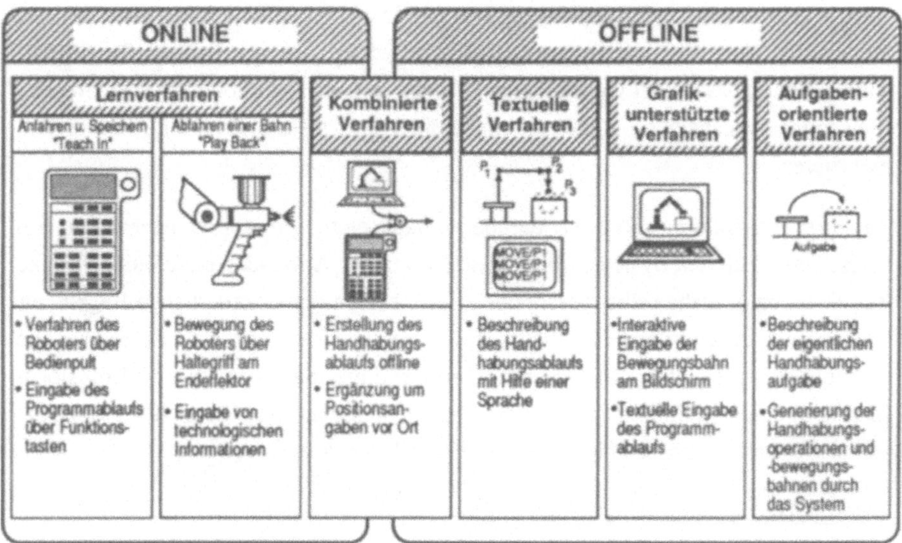

Bild 2-6: Programmierverfahren für Industrieroboter /nach 27/

Typischerweise werden heute Industrieroboter in flexibel verketteten Produktionsanlagen eingesetzt. Zwangsläufig ergeben sich dadurch Stillstandszeiten für die Gesamtproduktionsanlage während der prozeßnahen Programmentwicklung bzw. des Programmtests. In dieser Situation ermöglicht die textuelle Programmierung mit Hilfe einer Sprache auf einer von der Steuerung getrennten Rechnerhardware die Programmierphase von der Industrierobotersteuerung zu entkoppeln. Die Programmentwicklung kann dann in zwei Phasen erfolgen:

Zunächst wird die gesamte Programmlogik sowie der Datenaustausch mit der Roboterperipherie bzw. mit den anderen Steuerungen der Fertigungszelle im Programmtext festgelegt. Die Beschreibung der eigentlichen Roboterbewegungen ist zu diesem Zeitpunkt nur schwer möglich und kann daher textuell zunächst nur prinzipiell erfolgen. Unbekannte Roboterpositionen bleiben deshalb noch offen. Sie werden in einem zweiten Schritt nach Übertragung des Programms in die Steuerung durch "Teach In" vor Ort festgelegt /28/. Alternativ ermöglichen grafikunterstützte Systeme in Verbindung mit einer textuellen Programmlogikbeschreibung die interaktive Eingabe der Bewegungsbahn am Bildschirm. Kombiniert mit den Online-Programmierverfahren eingesetzt, wird damit auch eine Offline-Programmierung der Bewegungsoperationen der Industrieroboter ermöglicht (Bild 2-6).

Lassen sich mit diesen Methoden zwar die Stillstandszeiten für die Programmierung des Industrierobotersystems drastisch reduzieren, so bleibt bei komplexen Anwendungen auch weiterhin eine mehr oder weniger lange Test- und Optimierungsphase vor Ort notwendig. Hier sind entsprechende Systeme gefragt, die während der Programmentwicklungsphase einen vollständigen Offline-Test auch von komplexen räumlichen Bewegungsvorgängen ermöglichen, um so die Vor-Ort-Testzeit auf ein Minimum zu reduzieren.

In Forschungslabors entstehen darüber hinaus erste Prototyprealisierungen von aufgabenorientierten Systemen bei deren Einsatz der Anwender ausschließlich seine Handhabungsaufgabe selbst beschreiben wird. Neben den erforderlichen Regeln zur Generierung der einzelnen Teilarbeitsschritte benötigen sie umfassende Daten über alle handhabungsrelevanten Objekte um die notwendigen Bahnplanung und Kollisionskontrolle durchzuführen. Die Entwicklungsergebnisse aus dem Bereich der Robotersimulationstechnik können hier Lösungen für Teilaspekte bereitstellen.

2.2 Simulationstechnik

In der Produktionstechnik werden immer häufiger aufwendige Systeme zur Steuerung der Fertigungs- und Montageaufgaben eingesetzt. Ihr breiter Funktionsumfang und ihre komplexe innere Struktur führen oft dazu, daß das Gesamtverhalten der Systeme für den Menschen nur schwer überschaubar ist. Erkenntnisse über das Verhalten einzelner Komponenten reichen zur Gesamtbeurteilung der vollständigen Anlage kaum mehr aus. In dieser Situation ermöglichen rechnergestützte Simulationssysteme als Instrument der Analyse und der Prognose im Steuerungssystem /29/

- komplexe Zusammenhänge zu untersuchen,
- Fehler schon im Projektierungsstadium ohne Gefährdung realer Anlagen zu, erkennen und zu beseitigen,
- Prozesse zu optimieren.

Beim Verhalten von Industrierobotersystemen in flexibel verketteten Produktionsanlagen handelt es sich im wesentlichen um Bewegungen von Roboterachsen und Werkstücken sowie deren Zustandsänderungen zu diskreten Zeitpunkten. Daher eignet sich zum Test und zur Optimierung von Handhabungsaufgaben die zeitdiskrete Simulation auf Basis von Modellen. Durch die Simulation der Verarbeitung von Roboterprogrammen und die Darstellung des Handhabungsablaufs auf einem grafischen Bildschirm können die Prozeßabläufe vor ihrer Ausführung in der Produktionsanlage getestet und optimiert werden. Darüber hinaus ermöglicht die Simulation durch Visualisierung nicht oder schlecht sichtbarer Vorgänge, das Verhalten des Industrieroboters in seiner Zelle mit einem hohen Maß an Sicherheit vorherzusagen, indem die Information auf das Wesentliche reduziert wird und Bewegungen in gestrecktem oder gestauchtem Zeitmaßstab ablaufen zu lassen.

Auf dem Markt existieren eine ganze Reihe von Simulationssystemen für Industrieroboter. Ein Großteil von ihnen wurde als Erweiterung bereits eingeführter CAD-Systeme entwickelt. Dies war naheliegend, zumal immer häufiger CAD-Daten der Werkstücke aus der Konstruktion vorliegen und so zur Simulation weiterverwendet werden können. Die Systeme PLACE von Mc Auto /30/ oder CATIA von Dassault/IBM /31, 32/ ermöglichen in speziellen Moduln die Simulation von Industrieroboterzellen sowie die Definition und den Test von Industrieroboteraufgaben. In Verbindung mit ihrem CAD-Basismodul bieten sie auf leistungsfähigen Grafik- und Hostrechnersystemen ein hohes Niveau an Möglichkeiten bei dem Entwurf und der Manipulation von dreidimensionalen geometrischen Objekten.

Mit Hilfe von CAD-Geometrieobjekten können die Abmessungen des Roboters und der Zellenumgebung nachgebildet werden. Die kinematischen Strukturen der einzelnen Achsen werden als CAD-Objekte beschrieben. Modellierbar sind meist offene kinematische Ketten inklusive kinematisch einfach geschlossener Achsstrukturen, wie sie bei Parallelogrammachsen auftreten. Die Modellachsen sind als CAD-Objekte gegeneinander verschiebbar bzw. verdrehbar, so daß die Darstellung von Bewegungsabläufen in der Industrieroboterzelle möglich wird /32/.

Die Bewegungssteuerung der Industrierobotermodelle erfolgt mit Funktionen, in denen die Zielstellung durch absolute oder relative Achsstellung bzw. mit kartesischen Koordinaten beschrieben wird. Einzelne Zielpunkte können mittels Linearinterpolation auf einer Geraden oder Interpolation der Gelenkwinkel angefahren werden. Darüber hinaus können teilweise Bewegungsbahnen durch Raumkurven festgelegt werden. Wird z.B. die Bewegung eines 5-achsigen Roboters auf einer solchen Kurve geführt, so muß dann häufig die einschränkende Bedingung erfüllt werden, daß sich der Schnittpunkt von 4. und 5. Achse auf der vorgegebenen Bahn befindet. Dies entspricht einer Reduzierung der kinematischen Struktur auf die Grundachsen zur Bestimmung der Achsstellung, deren Berechnung dadurch stark vereinfacht wird.

Die Beschreibung von Roboteranwendungsprogrammen erfolgt allgemein in einer systemspezifischen META-Sprache. Mit Hilfe von Daten, Variablen, logischen und arithmetischen Anweisungen sowie mit Bewegungsbefehlen kann so eine strukturierte Aufgabenbeschreibung für den Industrieroboter erfolgen. In Bild 2-7 ist beispielhaft die Aufgabensimulation einer Montagezelle mit SCARA-Roboter in CATIA-Robotics gezeigt. Die einzelnen Roboteranweisungen sind in einer Anweisungstabelle aufgelistet.

In der Spalte "NUM" ist die Anweisungsnummer eingetragen. Der Anweisungstyp wird in der nächsten Spalte definiert. Die Beschreibung der Anweisungsoperanden erfolgt in der Spalte "CHARACTERISTICS".

Globale Variablen wie die Variable "ZEIT" sind in allen Tasks und Subtasks bekannt, daher könnte die Variable "ZEIT" in einer parallelen Task, die zur gleichen Zeit abläuft, verändert werden. Mit SPEED werden für den Roboter Geschwindigkeits- und konstante Beschleunigungsparameter gesetzt. Mit dem anschließenden Bewegungssatz wird ein Punkt, der zum Greifer des Roboters gehört, mit einem Punkt in der Umgebung zur Übereinstimmung gebracht. Diese Bewegung wird in "joint interpolation" ausgeführt, könnte aber auch mit "linear interpolation" ausgeführt werden. Mit GRASP greift der Roboter einen Gegenstand (hier: RING1), d.h. das CAD-Objekt des Gegenstandes wird logisch dem CAD-Objekt des Roboters zugeordnet. Mit Programmlogikanweisungen, wie "IF" oder ähnlichen kann der Programmablauf in Abhängigkeit von Variablen oder Parametern beeinflußt werden. Die anschließende Ausführung von vollständigen Programmen oder Programmausschnitten im Single-Step oder Continue-Mode ermöglichen die Visualisierung der Roboteraufgabe am CAD-Bildschirm. Mit Funktionen zur Darstellung der aktuellen Roboterdaten, wie achsspezifischer und kartesischer Position, aktueller Geschwindigkeit, benötigter Ausführungszeit sowie zur Berücksichtigung einfacher Sensorsignale gestattet CATIA-Robotics eine Beurteilung der geplanten Roboteraufgabe. Die Berücksichtigung von steuerungsabhängigen Funktionen bei der Simulation des Roboters ist jedoch nicht vorgesehen.

Ein Interface zur Generierung von Textfiles des Roboterprogramms erschließt dem Anwender die Möglichkeit zur Ansteuerung von separaten Postprozessoren zur Offline-Programmierung von Industrierobotern. Das Fehlen von durchgängigen Kommunikationswegen in CATIA-Robotics von der Programmentwicklung über den Test bis hin zur realen Robotersteuerung und zurück, sowie die völlig steuerungsunabhängige Konzeption dieses Simulations- und Testsystems weisen CATIA-Robotics als System zur Aufgabenplanung mit Industrierobotern und weniger zur Steuerungsprogrammierung aus.

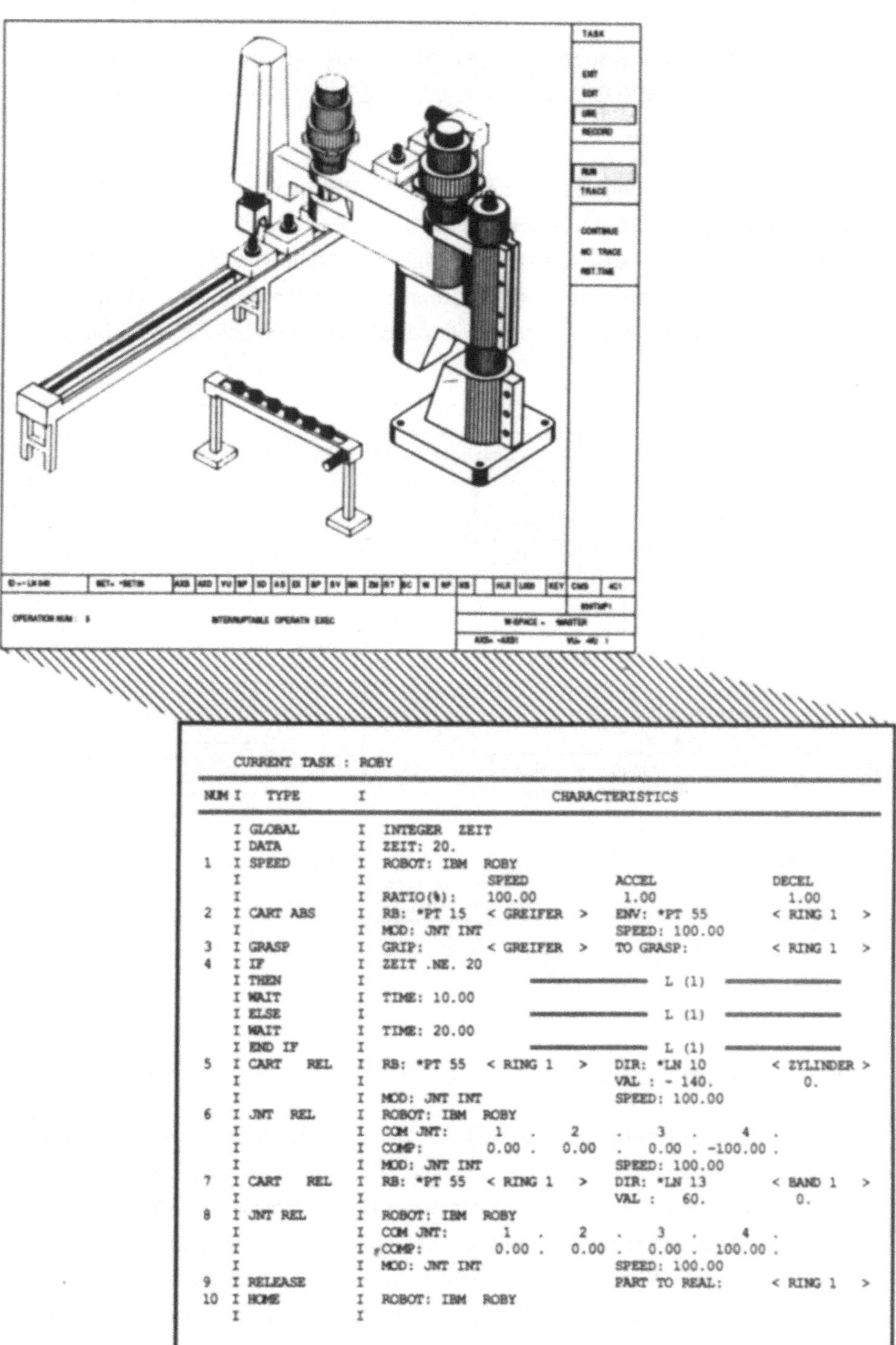

```
    CURRENT TASK : ROBY

NUM I  TYPE        I                    CHARACTERISTICS

    I GLOBAL       I  INTEGER  ZEIT
    I DATA         I  ZEIT: 20.
1   I SPEED        I  ROBOT: IBM  ROBY
    I              I              SPEED          ACCEL          DECEL
    I              I  RATIO(%):   100.00         1.00           1.00
2   I CART ABS     I  RB: *PT 15  < GREIFER >    ENV: *PT 55    < RING 1  >
    I              I  MOD: JNT INT               SPEED: 100.00
3   I GRASP        I  GRIP:       < GREIFER >    TO GRASP:      < RING 1  >
4   I IF           I  ZEIT .NE. 20
    I THEN         I              ———————— L (1) ————————
    I WAIT         I  TIME: 10.00
    I ELSE         I              ———————— L (1) ————————
    I WAIT         I  TIME: 20.00
    I END IF       I              ———————— L (1) ————————
5   I CART   REL   I  RB: *PT 55  < RING 1  >    DIR: *LN 10    < ZYLINDER >
    I              I                             VAL : - 140.        0.
    I              I  MOD: JNT INT               SPEED: 100.00
6   I JNT  REL     I  ROBOT: IBM  ROBY
    I              I  COM JNT:      1   .   2   .   3   .    4   .
    I              I  COMP:       0.00  .  0.00 .  0.00 . -100.00 .
    I              I  MOD: JNT INT               SPEED: 100.00
7   I CART   REL   I  RB: *PT 55  < RING 1  >    DIR: *LN 13    < BAND 1  >
    I              I                             VAL :   60.         0.
8   I JNT REL      I  ROBOT: IBM  ROBY
    I              I  COM JNT:      1   .   2   .   3   .    4   .
    I              I  COMP:       0.00  .  0.00 .  0.00 .  100.00 .
    I              I  MOD: JNT INT               SPEED: 100.00
9   I RELEASE      I                             PART TO REAL:  < RING 1  >
10  I HOME         I  ROBOT: IBM  ROBY
    I              I
```

Bild 2-7: Anwendungsbeispiel für das System CATIA - Robotics (nach IBM)

Demgegenüber bietet das speziell für den Anwendungsfall der Roboterbewegungssimulation entwickelte ROBCAD-System ein integriertes "Compiler - / Translator"-Konzept /33/ (Bild 2-8).

Bei Anwendung des Compiler-Konzeptes wird das Programm in der entsprechenden Robotersteuerungssprache geschrieben. Neben den reinen Roboteranweisungen können zusätzlich simulationsspezifische Befehle wie z. B. "Teile generieren" oder "Teile modifizieren" in das Programm integriert werden. Nach der Simulation werden zur Erzeugung des ablauffähigen Programmcodes diese Simulationsbefehle vom Compiler herausgefiltert.

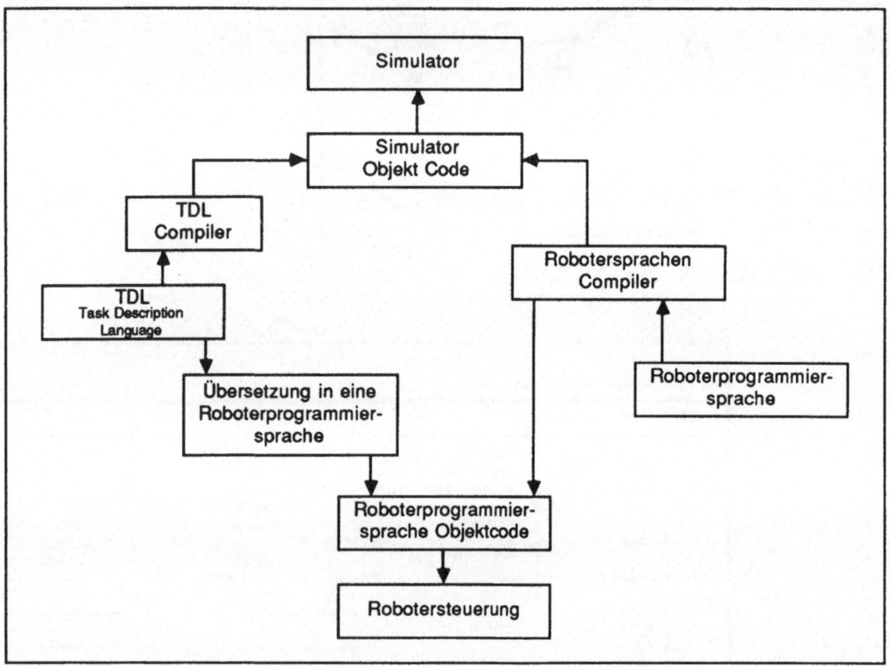

Bild 2-8 : Compiler- / Translator- Konzept des ROBCAT-Systems Quelle /33/

Eine andere Vorgehensweise ermöglicht das Translator-Konzept. Die Anwendungsprogramme werden in der roboterunabhängigen Task Description Language (TDL) des ROBCAD-Systems definiert. Mit steuerungsspezifischen Übersetzern können daraus Anwendungsprogramme für die verschiedenen Robotersteuerungen erzeugt werden. Beispielsweise enthält das ROBCAD-System einen TDL-Übersetzer zur Programmiersprache ARLA (Asea Robotics Language) der ASEA-Robotersteuerung. Da nicht alle ARLA-Befehle TDL-Äquivalente haben, können in das TDL-Programm auch

ARLA-Blöcke eingeschoben werden, die während der Simulation ignoriert, also auch nicht getestet werden können /34/.

Daneben existieren eine ganze Reihe weiterer Systementwicklungen für die Bewegungssimulation von Industrierobotern, die überwiegend in Forschungsinstituten entwickelt und eingesetzt werden. In der Regel handelt es sich dabei um Systementwicklungen auf Hochleistungsgrafikworkstations, die in Verbindung mit 3D-CAD-Systemen zur Planung von Industrieroboterzellen eingesetzt werden können /35, 36, 37, 38, 39, 40/.

Auf der anderen Seite bieten einige Steuerungshersteller speziell auf ihre Roboter- und Steuerungssysteme abgestimmte Programmentwicklungs- und -testumgebungen an. Beispielweise hat die Firma IBM für ihre 4-achsige SCARA-Roboterfamilie ein solches System auf PC-Hardware realisiert /41/. Der Programmtest erfolgt auf Basis der steuerungsspezifischen Anweisungen im Anwenderprogramm. Zur Beurteilung der Bewegungsoperationen stehen zwei Ebenenschnitte des SCARA-Arbeitsraums zur Verfügung (Bild 2-9).

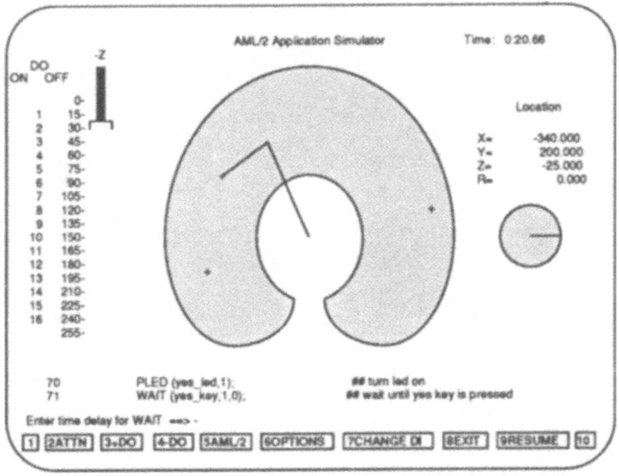

Bild 2-9: Integriertes Programmier- und Testsystem für IBM-SCARA-Industrieroboter (Quelle: IBM)

Die Bewegungen des Industrieroboters werden mit stark vereinfachenden Strichmodellen der Roboterarme dargestellt. Eine Einbeziehung von Maschinen, Werkstücken oder Peripheriegeräten in der Zelle ist nicht möglich. Lediglich die Lage einzelner Werkstücke kann in der X-Y-Ebene des Arbeitsraums markiert werden. Die visuelle

Kollisionsprüfung ist damit ausgeschlossen. Eine Anpassung des Systems an Industrieroboter gleichen Typs anderer Hersteller ist nicht vorgesehen.

Zusammenfassend lassen sich die verfügbaren Simulationssysteme für Industrieroboter in zwei Hauptgruppen einordnen:

Da sind einerseits die CAD-Daten gestützten Systeme, die eine außerordentlich detaillierte Visualisierung von Roboterarbeitszellen ermöglichen, aber die speziellen Steuerungseigenschaften einer Robotersteuerung bei der Aufgabensimulation nicht immer berücksichtigen können. Weiterhin benötigen sie wegen der erheblichen Datenmenge Grafik- und Rechnersysteme der höchsten Leistungsklasse, um eine Echtzeitsimulation zu ermöglichen. Wegen der damit verbundene Kosten wird der Einsatz solcher Systeme auf absehbare Zeit nur in geringer Zahl möglich sein. Für einen werkstattnahen Einsatz erscheinen solche Systeme noch nicht geeignet.

Auf der anderen Seite sind da PC-basierte Systeme für den steuerungsnahen Einsatz, die zwar den Funktionsumfang einer speziellen Steuerung voll berücksichtigen können, aber durch die fehlende Einbeziehung der Zellenumgebung wesentliche Testaufgaben erst gar nicht zulassen.

3. Aufgabenstellung und Zielsetzung

Die wachsende Komplexität der Industrieroboterapplikationen und die zunehmende informationstechnische Integration von Anlagensystemen der computerintegrierten Produktionstechnik (CIM) erfordern Verfahrensketten und Systeme, die Anwender systematisch bei der Beschreibung und dem Test von Steuerungsaufgaben unterstützen.

Allein Offline-Programmierverfahren in Verbindung mit modellbasierten Simulationssystemen bieten die erforderliche Möglichkeit zur Realisierung einer geschlossenen Verfahrenskette bei der Anwenderprogrammentwicklung für Industrierobotersteuerungen in flexibel verketteten Produktionsanlagen. Auf dem Markt sind eine ganze Reihe solcher Systeme mittlerweile verfügbar, sie haben sich aber noch nicht im erhofften Maße in der Praxis durchsetzen können. Zum Einen setzen diese Systeme in der Regel eine kostspielige Rechner- und Grafik-Hardware voraus, zum Anderen bieten sie noch nicht in ausreichendem Maße steuerungs- und prozeßorientierte Simulations- und Testfunktionen an, so daß die offline erzeugten Programme immer noch unvertretbar lange Testzeiten vor Ort erfordern und somit einen wirtschaftlichen Einsatz verhindern.

Um die Testphase für Roboterprogramme vor Ort wirksam zu reduzieren, sind Simulationssysteme erforderlich, die eine ausgiebige Überprüfung und gezielte Optimierung der Anwenderprogramme in einer steuerungsspezifischen Testumgebung ermöglichen. Der offline erstellte Steuercode ist dazu in bezug auf die Richtigkeit der Programmlogik sowie des Signalaustausches mit der Zellenperipherie und auf Ausführbarkeit und Kollisionsfreiheit der Roboterbewegungen zu untersuchen.

Ziel dieser Arbeit ist es, das Anforderungsprofil für ein steuerungsorientiertes Simulationssystem zum Test von Industrieroboterapplikationen zu spezifizieren und das danach entwickelte System GROSIM (Graphic Robot Simulator) in seinem Systemkonzept vorzustellen sowie seine Anwendung in der Praxis zu zeigen. Ausgangsbasis für die Betrachtungen sind die Erfahrungen mit der textuellen Offline-Programmierung von Industrierobotersystemen und den daraus abgeleiteten Anforderungen an ein steuerungsorientiertes Simulationssystem für Industrieroboterapplikationen.

Besonderer Schwerpunkt dieser Arbeit ist die exakte Nachbildung der Programmverarbeitung und Bewegungssteuerung im Simulationssystem. Gleichzeitig steht die Echtzeitfähigkeit aller Simulationsalgorithmen im Vordergrund. Darüber hinaus ist die Implementierung des GROSIM-Systems auf leistungsfähigen Rechnern der PC-Klasse angestrebt, um dem Anwender den kostengünstigen Einsatz der steuerungsorientierten Programmsimulation zu ermöglichen.

In allen Phasen der Konzipierung und Entwicklung des Systems erfordert diese begrenzte Leistungsfähigkeit der gewählten Hardware-Basis besonderes Augenmerk. Der bewußte Verzicht auf die üblicherweise eingesetzte Hochleistungs-Hardware erfordert neue optimierte Systemstrukturen und Software-Werkzeuge, die dennoch eine hohe Modellflexibilität ermöglichen. Detailgenaue Simulationsalgorithmen für die Steuerungsnachbildung sowie rechenzeitoptimierte Grafikfunktionen sind weitere Voraussetzungen für die erfolgreiche Realisierung eines solchen Systems auf PC-Basis.

4. Aufgaben und Anforderungsprofil von steuerungsorientierten Robotersimulationssystemen

Mit der Anwendungsprogrammentwicklung auf steuerungsunabhängigen Rechnersystemen werden in zunehmendem Maße die Stillstandszeiten von Industrierobotern reduziert.

Werden in Produktionsanlagen Industrieroboter unterschiedlicher Hersteller eingesetzt, so ist ein Einsatz von Programmentwicklungs- und Testwerkzeugen nur dann mit vertretbarem Aufwand möglich, wenn die Anpassung an verschiedene Steuerungskonfigurationen möglich ist. Wird diese Anforderung von Systemen für die stark abstrahierende Planungsebene noch leicht erfüllt, so setzt sie für eine steuerungsnahe Applikationsprüfung eine erhebliche Flexibilität voraus.

Die zentrale Aufgabe eines steuerungsorientierten Simulationssystems für Industrieroboterapplikationen ist der Funktions- und Ablauftest von Anwenderprogrammen sowie die Nachbildung der programmierten Bewegungs- und Handhabungsaufgaben des Industrieroboters (Bild 4-1). Darüber hinaus soll der Anwender durch die Möglichkeit zu Arbeitsraumstudien am Industrierobotermodell und Erreichbarkeitsuntersuchungen der Werkstück-, Transportgeräte- und Maschinenpositionen bei der Auswahl des Robotertyps und seiner Plazierung in der Zelle unterstützt werden.

Besonders in computerintegrierten Fertigungsanlagen kommt steuerungsorientierten Simulationssystemen eine große Bedeutung zu, da hier die auftragsabhängige Entwicklung der RC-Programme parallel zur Programmdatengenerierung für die NC-Steuerungen durchgeführt werden muß. Während der Programmentwicklung für die Steuerung des Industrieroboters unterstützt das System durch Simulation die effiziente Vorbereitung des Robotereinsatzes, so daß ein Industrierobotereinsatz ohne weitreichende Programmänderungen vor Ort möglich wird. Wichtigste Aufgabe ist hierbei die Generierung von ausführbaren, kollisionsfreien Bewegungsbahnen und die Entwicklung einer aufgabengerechten Programmlogik. Durch Ermittlung der Zyklus- und Programmlaufzeiten kann bereits innerhalb der Programmentwicklungsphase eine weitgehende Optimierung der Ablaufreihenfolge erfolgen. Da mit zunehmender Komplexität der Roboteranwendungen der Datenaustausch mit Peripherie (mehrere Roboter, Maschinen, Transportsysteme, usw.) und Sensorik wesentlichen Einfluß auf die Abarbeitung des Roboterprogramms bekommt, kann auf die Emulation von Sensorik und Peripheriesignalen innerhalb eines Simulationssystems nicht verzichtet werden.

Ausgangsdatenbasis zur Bestimmung der Handhabungsprogramme sind die Geometriedaten der Werkstücke aus der Konstruktion sowie die Beschreibung der Fertigungszellen mit dem Industrieroboter. Zusätzlich werden Daten über die spezifischen Eigenschaften und Steuerungsstrategien der Industrierobotersteuerung als mathematisches Modell benötigt.

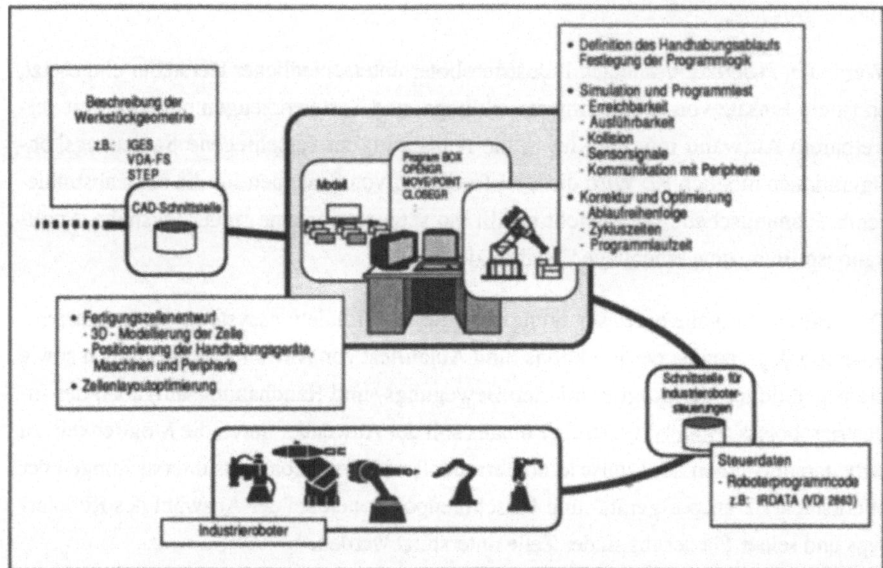

Bild 4-1 Aufgaben von Simulationssystemen für Industrieroboter

4.1 Anforderungsprofil von steuerungsorientierten Systemen zur Simulation von Anwendungsprogrammen für Roboter auf PC-Hardware

Die Realisierung eines steuerungsorientierten Robotersimulationssystems erfordert ein Systemkonzept, das einerseits den besonderen Anforderungen einer steuerungsspezifischen Funktionsnachbildung genügt und aussagekräftige Simulationsergebnisse ermöglicht, andererseits die Leistungsfähigkeit und den begrenzten Arbeitsspeicher einer PC-Hardware nicht überfordert (Bild 4-2).

Daher ist eine Systemstruktur vorzusehen, die durch Einsatz austauschbarer Sub-Module den gleichzeitig vom Rechner zu verwaltenden Umfang der Systemsoftware begrenzt und durch Konfigurierung eine Anpassung an unterschiedliche Robotersteuerungen ermöglicht. Voraussetzung für eine ordnungsgemäße Simulation der Handhabungsvorgänge in einer Roboterzelle ist die ausreichende Nachbildung der Funktionsabläufe des Roboters und der ihn steuernden Systeme. Im Rahmen einer "virtuellen Robotersteuerung" ist die exakte Nachbildung aller anwendungsrelevanten

Steuerungsfunktionen anzustreben, um den gleichen logischen Programm- und Bewegungsablauf in der Simulation wie in der Realität sicherzustellen und verläßliche Simulationsergebnisse zu gewährleisten.

Für viele Industrierobotersysteme werden von Steuerungsherstellern und Systemhäusern textuelle Offline-Programmiersysteme auf PC-Basis angeboten, teils mit steuerungsspezifischen Programmiersprachen teils mit problemorientierten Hochsprachen. Durch Realisierung eines offenen Systemkonzepts sind Möglichkeiten zur integrierten Anwendung von Offline-Programmierung und steuerungsorientierter Simulation zu eröffnen. Optimal ergänzt wird der Funktionsumfang zur Offline-Programmdefinition durch grafische "Teach In" - Funktionen des Simulationssystems, so daß auch für komplexe räumliche Bewegungsvorgänge eine einfache Offline-Programmierung möglich wird.

Von besonderer Bedeutung für die Handhabungssimulation ist das Echtzeitverhalten der Grafikfunktionen des Systems. Bei der Darstellung von Bewegungsvorgängen des Industrieroboters ermöglichen erst sie dem Anwender die visuelle Kollisionskontrolle am Grafikbildschirm. Dem Umfang der Modelldaten, ihrer Komplexität und der Art ihrer Datenhaltung im Simulationssystem kommt damit eine zentrale Bedeutung zu. Es sind daher Modellentwurfswerkzeuge zur Verfügung zu stellen, die eine abstrahierte Modellbeschreibung der Zellkomponenten in einer optimierten Datenstruktur zulassen. Zum Umfang des Modellierwerkzeugs gehören Funktionen zur Entwicklung des Zellenlayouts und Beschreibung aller Zellkomponenten. Neben der reinen Geometriebeschreibung hat die koordinierte Modellierung der Kinematikdaten zu erfolgen. Weitere Zusatzinformationen müssen das Modell zur steuerungsorientierten Simulationsdatenbasis ergänzen.

Die auf PC's verfügbaren CAD-Systeme bieten für diese Aufgabe im allgemeinen keine geeigneten Möglichkeiten an. Darüber hinaus wäre mit ihnen nur die reine Geometriemodellierung möglich, da zusätzliche Funktionen zur Beschreibung der Kinematik, der Technologie oder Steuerung nicht zur Verfügung stehen. Dennoch sind Schnittstellen zu CAD-Systemen erforderlich, um eine Übernahme von Werkstückdaten aus der rechnergestützten Konstruktion in den Programmentwicklungs- und Testprozeß zu ermöglichen. Anschließend müssen die Werkstückdaten abstrahiert und aufbereitet werden, damit die RC-Programmsimulation in "quasi Echtzeit" möglich wird.

Die Verwendung von standardisierten Schnittstellen sowohl zur Werkstückbeschreibung als auch zur Übergabe des Programmcodes an die Industrierobotersteuerung ist anzustreben, um den Datenaustausch mit rechnergestützten Systemen unterschiedlich-

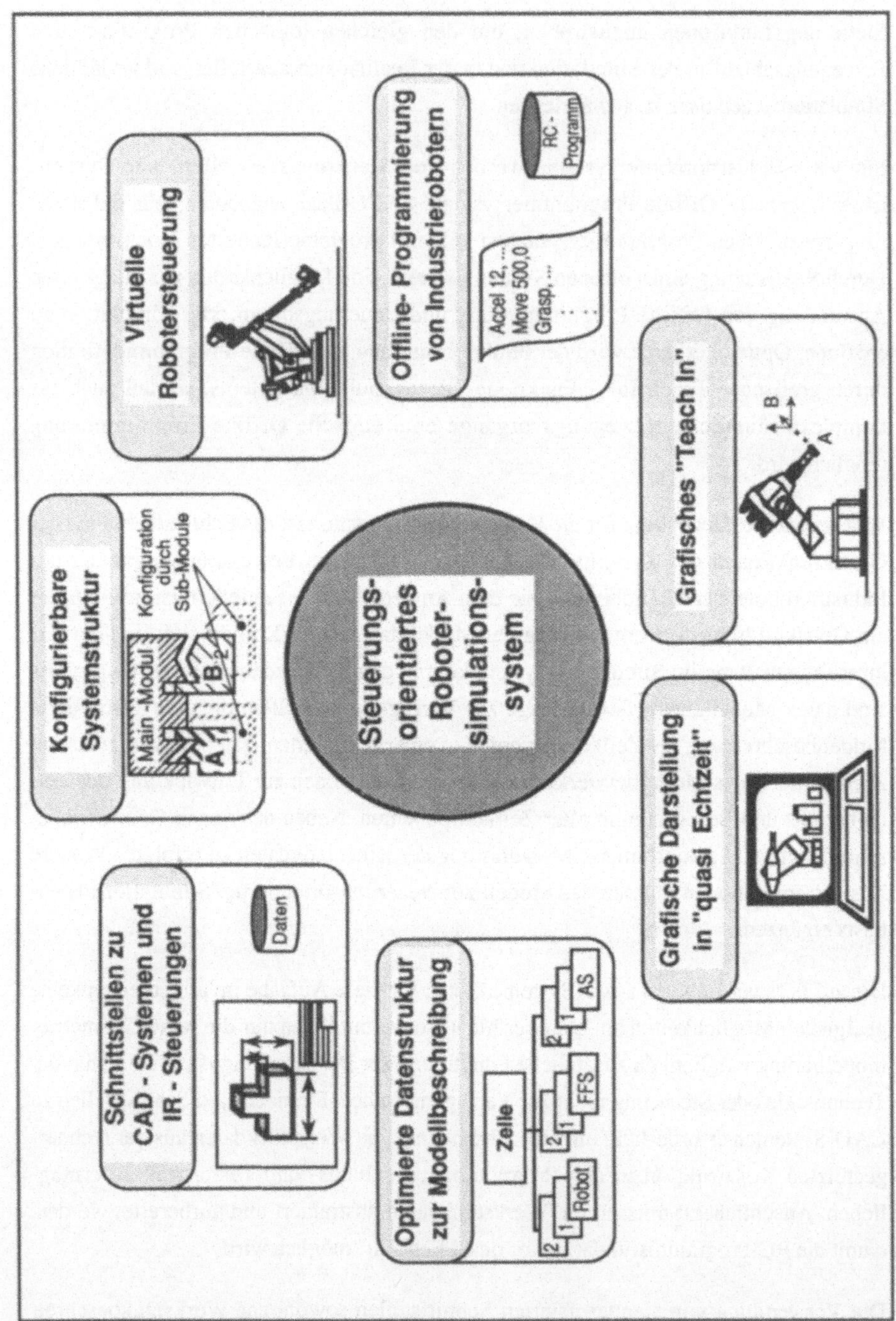

<u>Bild 4-2</u>: Anforderungen an steuerungsorientierte Robotersimulationssysteme auf Basis von PC-Hardware

ster Hersteller zu erleichtern und die Eingliederung der Werkzeuge zur Programmentwicklung in rechnerintegrierte Systemstrukturen zu unterstützen.

4.2 Entwurfskriterien für Simulationsmodelle von Industrierobotersystemen

Das Erstellen von Simulationsmodellen erfordert stets einen Abstraktionsprozeß. Dazu wird das zu untersuchende System durch Prozeßelemente und deren Abhängigkeiten beschrieben. Das Grundproblem der Modellierung ist, den Abstraktionsvorgang so durchzuführen, daß die Modelle das Realsystem ausreichend genau nachbilden aber auch nicht aufwendiger als nötig beschreiben. Der Forderung nach möglichst vollständigem Test mit weitgehend unverzerrten Informationen steht daher die Notwendigkeit zur Begrenzung des Simulationsaufwands gegenüber.

Unter Berücksichtigung der vorgesehenen Ziele der Simulation sollen hier zunächst die prozeßbeeinflussenden physikalischen Größen und Roboter- und Steuerungssystemparameter betrachtet werden, die für eine Modellerstellung relevant sind (Bild 4-3). Durch Gewichtung dieser Größen und Parameter wird die notwendige Idealisierung des Prozeßmodells durchgeführt, um durch gezielte Beschränkung den Rechenaufwand zu begrenzen und so erst eine interaktive Arbeit des Anwenders mit dem System zu ermöglichen.

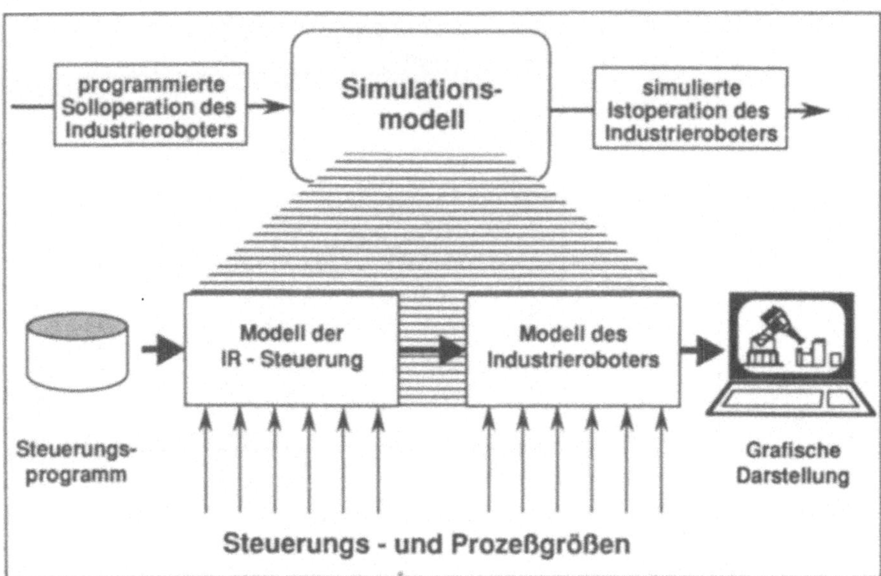

Bild 4-3: Parameter des Simulationsmodells

Die programmgesteuerten Operationen von Industrierobotern werden von einer Fülle von Randbedingungen beeinflußt, die je nach Relevanz und Grad der Idealisierung durch Parameter des Modells Berücksichtigung finden müssen.

In einem Modell der IR-Steuerung, konfiguriert nach den Erfordernissen der zu simulierenden realen Steuerung, sind die vollständigen Steuerungsprogramme für den Industrieroboter in Verbindung mit den Modelldaten der Zelle zu testen. Hierzu sind alle im Sinne der Programmverarbeitung relevanten Funktionen einer realen Robotersteuerung (Bild 4-4) softwaremäßig so nachzubilden, daß eine Überprüfung des Anwendungsprogramms in einer "virtuellen Robotersteuerung" möglich wird.

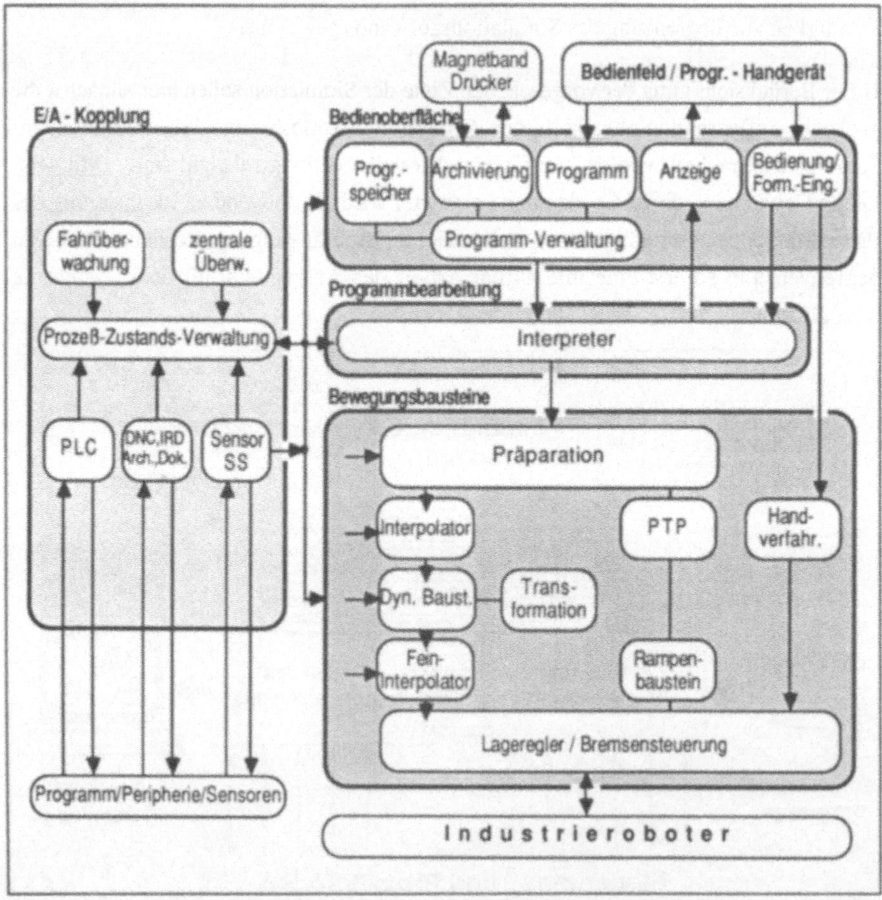

Bild 4-4: Bausteine einer realen Steuerung für Industrieroboter (Quelle /18/)

Die Funktionsebenen

- Bedienoberfläche und Ablaufsteuerung
- Programmbearbeitung
- Bewegungsbausteine
- E/A - Kopplung

sind in einer Systemimplementierung so berücksichtigen, daß ihre logischen Funktionen auf die Programmausführung in der Simulation entsprechend dem Grad der Modell-abstraktion wirksam werden.

In weiteren Modellen erfolgt die Abbildung der Robotermechanik und -antriebseinheiten sowie der Maschinen, Transporteinrichtungen und Werkstücke der Zelle. Hier werden unter anderem die geometrische Gestalt, die kinematische Struktur und die Stellung der Modellkörper im Raum definiert.

Allgemein müssen folgende bewegungsbeeinflußende Größen und Systemparameter des Industrieroboters für eine Modellbildung auf ihre Relevanz für die Simulation von Anwendungsprogrammen untersucht werden:

- <u>Parameter und Daten der Robotersteuerung</u>:
  - Anwenderprogramm als Ausgangsdatenbasis
  - Logikkomponente der Robotersteuerung mit ihren Moduln zur
    - Programmbearbeitung
    - Bewegungssteuerung
    - Kopplung von Ein- und Ausgängen
    - Bedienoberfläche als Benutzerschnittstelle
- <u>Parameter und Daten der Roboterantriebe und -mechanik</u>
  - Antrieb mit den Komponenten
    - Motorregelung
    - Leistungsverstärkung
    - Motoren
    - ...
  - dem mechanischen Übertragungssystem mit den Komponenten
    - Getriebe
    - Lager
    - ...
  - der Robotermechanik mit den Komponenten
    - geometrischer Gestalt
    - kinematischer Struktur

- dynamischen Parametern
- ...

In Bild 4-5 ist die systemtechnische Darstellung eines realen Steuerungs- und Robotersystems sowie seine Modellabbildung für die Anwendungsprogrammsimulation gezeigt. Für die notwendige Idealisierung des Prozeßabbilds sowie zur Auswahl der modellrelevanten Systemparameter des steuerungsorientierten Simulationssystems wurden folgende Kriterien zugrunde gelegt:

- Die Auswirkung der Systemparameter auf das Bewegungsverhalten des Industrieroboters und den Handhabungsvorgang in der Zelle
- Der Einfluß der Systemparameter auf den logischen Ablauf eines Anwendungsprogramms.

In der virtuellen IR-Steuerung sind die programmverarbeitenden Komponenten

- Programminterpreter
- Präparation
- Interpolation
- Koordinatentransformation

entsprechend der Systemfunktionen der realen Steuerung berücksichtigt. Ihre detailgenaue funktionale Abbildung hat großen Einfluß auf die Aussagefähigkeit der durchgeführten Simulation.

Im Robotermodell wird der Aufbau der Robotermechanik beschrieben:

- Die kinematische Struktur der Industrieroboterachsen legt den maximal möglichen Arbeitsraum fest und bestimmt damit im hohen Maße die Bewegungen des Industrieroboters. In bezug auf eine Referenzstellung der Armgelenke läßt sich der zulässige Bewegungsraum durch den Verfahrbereich eindeutig festlegen.

- Die geometrische Gestalt des Industrieroboters in seiner Zellenumgebung legt den freien Raum für die Bewegung fest und dient im Modell als Kenngröße zur Bestimmung kollisionsfreier Bahnen. Darüber hinaus dient sie als Basis für eine Darstellung auf dem Grafikbildschirm.

Die Lageregelung ist für die Anwendungsprogrammierung allgemein nicht zugänglich und wird wegen ihrer wesentlich geringeren Auswirkung auf die programmierten Handhabungsoperationen im Modell der Steuerung nicht berücksichtigt.

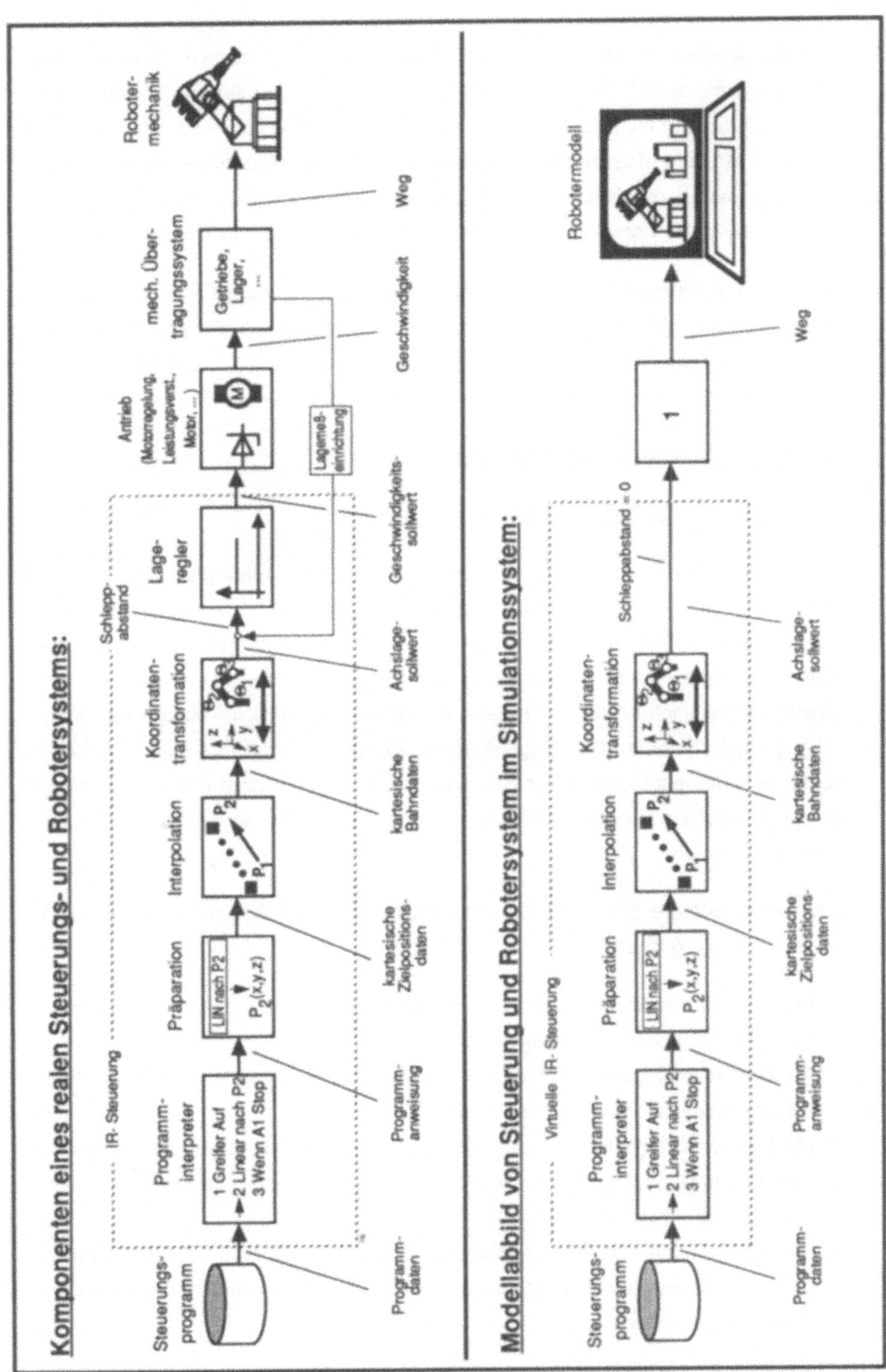

Bild 4-5: Systemtechnische Abbildung des realen Prozesses im Modell

Sie wird gemeinsam mit den Antriebskomponenten und dem mechanischen Übertragungssystem mit der Übertragungsfunktion " 1 " idealisiert abgebildet. Eine detaillierte Berücksichtigung ihres Verhaltens würde einen erheblichen Berechnungsaufwand erfordern. Mit dieser Idealisierung wird in Kauf genommen, daß eine Untersuchung der Antriebsdynamik, des dynamischen Verhaltens der mechanischen Übertragungskette, der Lose (Getriebe, Lager) und des Schleppfehlers von vornherein ausgeschlossen ist.

Diese Vereinfachung erscheint zulässig, da ihre Wirkung kaum Einfluß auf die Programmgestaltung des Anwendungsprogramms hat. Die Vernachlässigung der Schleppfehlerüberwachung kann im Simulationssystem hilfsweise durch die Überwachung der maximal zulässigen Achsgeschwindigkeiten und -beschleunigungen ersetzt werden.

4.3 Systemkonzept und Modellstrukturen

4.3.1 Funktionen des Simulationssystems

In steuerungsorientierten Simulationssystemen müssen Funktionen zur Verfügung gestellt werden, die eine Überprüfung offline generierter Roboterprogramme in einer vorgesehenen Zellen- und Steuerungskonfiguration ermöglichen. Die notwendigen Testfunktionen sollten dem Benutzer als Werkzeuge zur Verfügung stehen, um Roboterprogramme, nach korrekter Eingabe, mit dem ausgewählten Roboter- und Steuerungstyp in der betreffenden Fertigungs- bzw. Montagezelle, auf ihre Ausführbarkeit zu überprüfen. Darüber hinaus ist der Benutzer, durch ausreichende grafische und textuelle Ausgaben, über alle relevanten Programmdaten und die aktuellen Systemzustände in der Zelle zu informieren.

Das hierzu benötigte Gesamtsystem kann dazu in vier grundlegende Funktionsblöcke unterteilt (Bild 4-6) werden:

1. Die Programmverarbeitung, in der alle Anweisungen interpretiert und verarbeitet, sowie Programmdaten angezeigt werden.
2. Die Bahnsteuerung sowie die Transformation der kartesischen Positions- und Orientierungsdaten in Achskoordinatenwerte.
3. Die Transformation aller bewegten Modellkörper in ihre neue Lage entsprechend der errechneten Achsbewegungen. Die Ausführung von Handhabungsoperationen, wie z.B. das Greifen von Werkstücken.
4. Die Berechnung der grafischen Abbildung der Körpermodelle auf dem Bildschirm, entsprechend dem jeweiligen Betrachterstandpunkt, Bildausschnitt und weiterer Projektionsparameter.

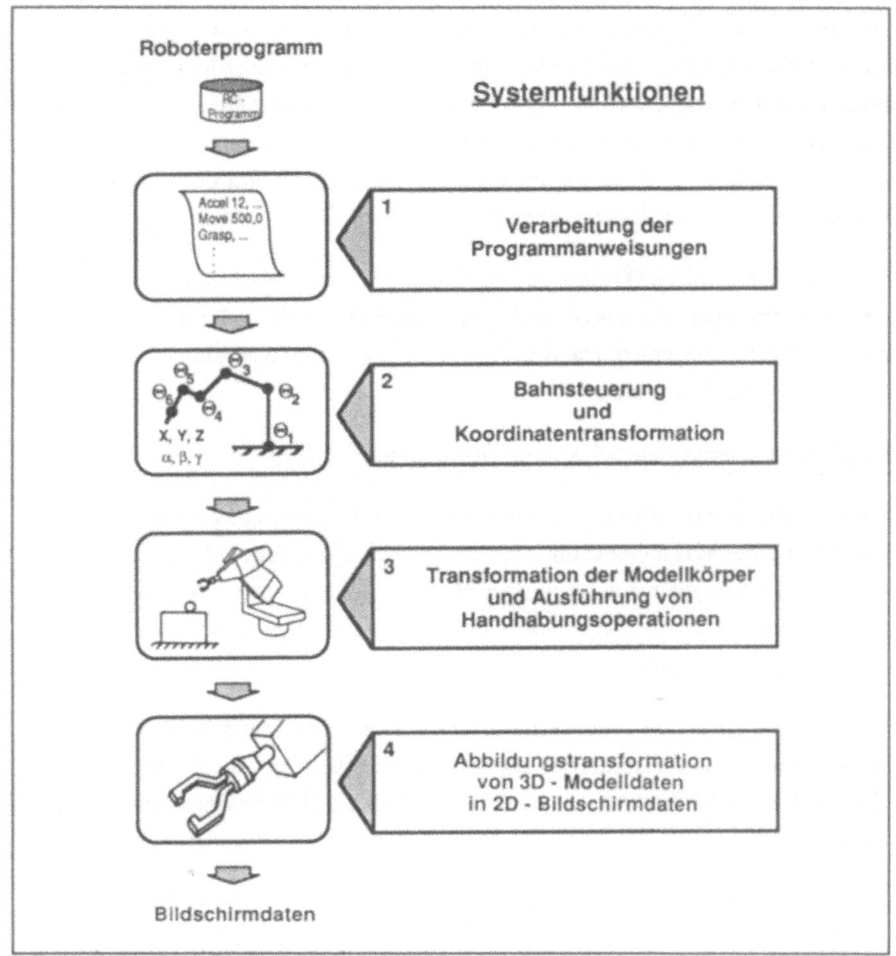

Bild 4-6: Funktionsblöcke des Simulationssystems (nach /42/)

4.3.1.1 Programmverarbeitung

Anwendungsprogramme für Industrieroboter werden allgemein mit den verschiedenen Programmierverfahren in einer symbolischen Befehlsstruktur als Programmanweisungen definiert und gespeichert. In einem steuerungsorientierten Simulationssystem sollte die Verarbeitung von Roboterprogrammen auf Basis der Programmanweisungslogik des aktuell vom Benutzer verwendeten Programmiersystems erfolgen können. Falls zur Sicherstellung kürzerer Verarbeitungszeiten eine Aufbereitung der Programminformationen in einem internen Interpreterzwischencode erforderlich werden sollte, ist für den Systemanwender die eindeutige Zuordnung von simulierter Programmanweisung und erstelltem Orginal-Anweisungstext sicherzustellen.

Um die allgemeine Anwendbarkeit des Programminterpreters zu ermöglichen, sollte der Interpreter und die ihm unterlagerten Funktionsmodule mit einer möglichst weit gefaßten Funktionsvielfalt verwirklicht werden. Wünschenswert wäre ein generalisiertes Interpreterkonzept, das durch eine Obermenge von Robotersteuerungsfunktionen die Konfigurierbarkeit des Steuerungsmodells auf den im Einzelfall benötigten Anweisungsumfang der realen Robotersteuerung unterstützt.

Hinweise für eine solche Obermenge von Funktionen der am Markt verfügbaren Robotersteuerungen lassen sich aus der Richtlinie VDI 2863, IRDATA, Blatt 1 /25/ ableiten, in der bereits für eine erhebliche Anzahl von Programmfunktionen ein herstellerübergreifender Funktionsumfang erfaßt ist.

4.3.1.2 Bahnsteuerung und Rückwärtstransformation

Unterschiedliche Funktionen zur Bahnsteuerung von Industrierobotern bieten dem Anwender ein hohes Maß an Flexibilität bei der Gestaltung von Anwendungsprogrammen. Neben den Funktionen zur achsspezifischen Bewegungssteuerung gewinnen vor allem Anweisungen mit kartesischer Zielpunktbeschreibung bei der modellgestützten offline Programmierung an Bedeutung.

Wird der Zielpunkt einer Roboterbewegung durch eine kartesische Positions- und Orientierungsvorgabe bestimmt, so müssen die Achsstellungen des Roboters mit den Algorithmen der Rückwärtsrechnung entsprechend der Roboterkinematik berechnet werden.

Grundsätzlich stehen verschiedene Verfahren zur Berechnung der Roboterbahndaten zur Verfügung:

Die Anwendung von iterative numerischen Algorithmen zur allgemeinen Lösung der Rückwärtstransformation. Sie ermöglichen die Bestimmung von Lösungen für die Rückwärtsrechnung unabhängig von der speziellen kinematischen Achsstruktur des Industrieroboters /43, 44/.

Die Verfügbarkeit solcher Algorithmen in Robotersimulationssystemen ist immer dann wünschenswert, wenn unabhängig von einem speziellen Robotertyp allgemeine Bewegungsstudien mit kartesischer Positionsvorgabe an frei definierten Modellkinematiken durchgeführt werden sollen. Der Vorteil dieser Verfahren ist, daß auch kinematisch überbestimmte Achsstrukturen kartesisch geführt werden können. Für eine steuerungsorientierte Programmausführungsprüfung sind solche Verfahren z.Zt. nur eingeschränkt anwendbar, da die Rückwärtsrechnung in heute verfügbaren Robotersteuerungen mit expliziten Lösungsverfahren realisiert sind. Die Anwendung solcher Algorithmen im

Rahmen von Simulationssystemen erfordert darüber hinaus besonders leistungsfähige Rechnerhardware, da je nach Kinematikstruktur eine große Zahl von Iterationsschritten durchzuführen sind, bis ein ausreichend genaues Ergebnis ermittelt ist.

Mit analytischen Berechnungsmethoden lassen sich Algorithmen entwerfen, die abhängig von der kinematischen Grundstruktur des Industrieroboters die Achsstellungen aus der kartesischen Positions- und Orientierungsvorgabe bestimmen können. Sie ermöglichen Lösungen zur Berechnung der Achsstellungen für Industrieroboter mit maximal sechs Achsen. Häufig reicht jedoch eine kartesische Positions- und Orientierungsvorgabe allein nicht aus, um eine eindeutige Lösung der Rückwärtsrechnung zu bestimmen. Die auftretenden Mehrdeutigkeiten und Singularitäten müssen deshalb durch zusätzliche Steuerungsparameter (Winkelstatus) bzw. herstellerspezifische Festlegungen in den Steuerungsalgorithmen aufgelöst werden .

Die Simulation von Roboterbewegungen ist nur dann sinnvoll, wenn das simulierte Bewegungsverhalten des Roboters exakt mit der Realität übereinstimmt. Beim Entwurf eines steuerungsorientierten Simulationssystems für Industrierobotersysteme kommt es daher darauf an, Robotersteuerungsmodelle zu implementieren, die den wirklichen Bewegungsablauf des realen Robotersystems bestimmen können. Bei der Implementierung solcher Systeme auf preiswerter PC-Hardware sind Algorithmen zu verwenden, die die Leistungsgrenzen eines PC's berücksichtigen und eine Simulation der Bewegungs- und Handhabungsaufgaben in "quasi Echtzeit" ermöglichen.

4.3.2 Konzept zur Implementierung der Rückwärtstransformationsalgorithmen für steuerungsorientierte Robotersimulationssysteme auf PC-Rechnersystemen

In heutigen Industrierobotersteuerungen werden roboterspezifische Algorithmen mit expliziten Lösungen für die Rückwärtsrechnung verwendet. Für ihre Implementierung in Simulationssystemen auf PC's bestehen folgende Realisierungsmöglichkeiten:

- Die Integration von Originalsoftwaremoduln der Industrierobotersteuerung bietet als einziges Verfahren die absolute Sicherheit der gleichen Algorithmen. Diese Möglichkeit steht nur in den wenigsten Anwendungsfällen zur Verfügung, da Bahnsteuerungs- und Transformationsalgorithmen wegen des notwendigen Echtzeitverhaltens von Steuerungen als Assemblerroutinen programmiert und extrem stark auf den eingesetzten Prozessor der Steuerung abgestimmt sind. Eine Übertragung auf andere Rechnersysteme ist im allgemeinen nicht ohne weiteres möglich. Darüber hinaus setzt diese Vorgehensweise eine enge Kooperation zwischen dem Entwickler des Simulationssystems und dem Steuerungshersteller voraus /45, 46/.

- Ist eine Integration solcher Orginalsteuerungsalgorithmen in das Simulationssystem nicht möglich, müssen die erforderlichen Bahnsteuerungs- und Transformationsfunktionen der realen Robotersteuerung im Steuerungsmodell des Simulationssystems unter Beachtung des in der Steuerung implementierten Funktionsumfangs nachgebildet werden.

Um den Implementierungsaufwand für die steuerungsspezifischen Bahnsteuerungs- und Transformationsalgorithmen im GROSIM-System zu verringern, sollen für die überwiegende Zahl heute verfügbarer Robotergrundtypen parametrierbare analytische Algorithmen zur expliziten Lösung der Rückwärtsrechnung aufgestellt werden. Hierzu werden von den denkbaren Roboterachskonfigurationen die wichtigsten ermittelt und nach der Struktur der Grund- und Handachsen klassifiziert .

4.3.2.1 Ermittlung von Industrierobotergrundtypen

Aus konstruktiven und antriebstechnischen Gründen werden Industrieroboter allgemein mit Dreh- und Schubachsen mit jeweils einem Freiheitsgrad realisiert. Entscheidend für die Beweglichkeit der Struktur ist die Lage der Achsen zueinander. Eine Struktur mit zwei orthogonalen translatorischen Achsen besitzt zwei Freiheitsgrade, während zwei parallele translatorische Achsen nur einen gemeinsamen Freiheitsgrad der Bewegung besitzen.

Industrieroboter mit sechs voneinander unabhängigen Gelenkachsen ermöglichen, im Rahmen ihrer mechanischen Achsgrenzen, ein beliebiges Positionieren und Orientieren des Werkzeugs im Arbeitsraum. Teilt man die sechs Achsen in Grund- und Handachsen ein, so dienen die drei Grundachsen nur (Portalroboter mit kartesischen Achsen) bzw. überwiegend (Knickarm-, SCARA-Roboter, usw.) zur Positionierung und die drei Handachsen überwiegend zur Orientierungseinstellung.

Für die unterschiedlichen Einsatzbereiche wurden Industrieroboter unterschiedlicher Kinematik entwickelt. Untersucht man die Strukturen der Grundachsen der am Markt angebotenen Industrieroboter /47/, so zeigt sich aber, daß überwiegend 6 Kinematikgrundtypen (Bild 4-7) eingesetzt werden.

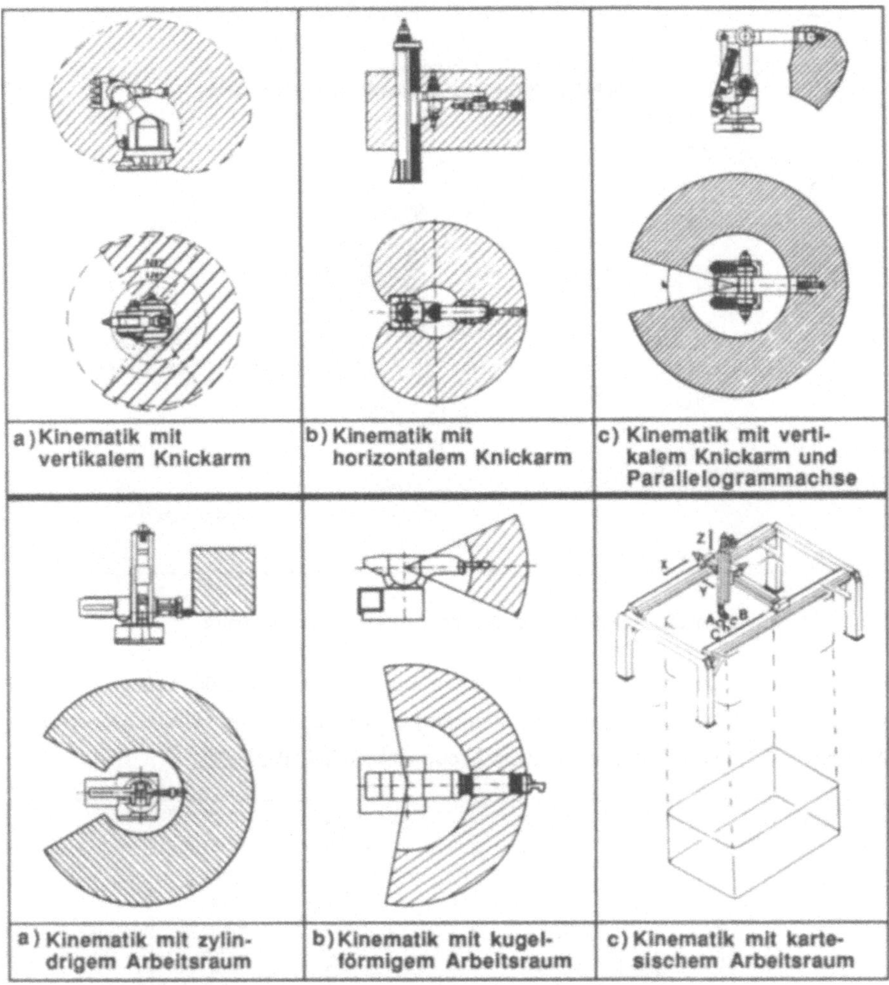

Bild 4-7: Beispiele für die wichtigsten sechs Kinematiken von Industrierobotern /Bilderquelle 47/

Die Auswertung (Bild 4-8) dieser Untersuchung zeigt das mehr als 90% aller Industrieroboter in den Grundachsen einer der folgenden Kinematiken entspricht:

- Kinematik mit vertikalem Knickarm
- Kinematik mit horizontalem Knickarm = SCARA (Selective Compliance Assembly Robot Arm)
- Kinematik mit vertikalem Knickarm und Parallelogrammachse
- Kinematik mit zylindrigem Arbeitsraum
- Kinematik mit kugelförmigem Arbeitraum
- Kinematik mit kartesischem Arbeitsraum (z.B.: Portal)

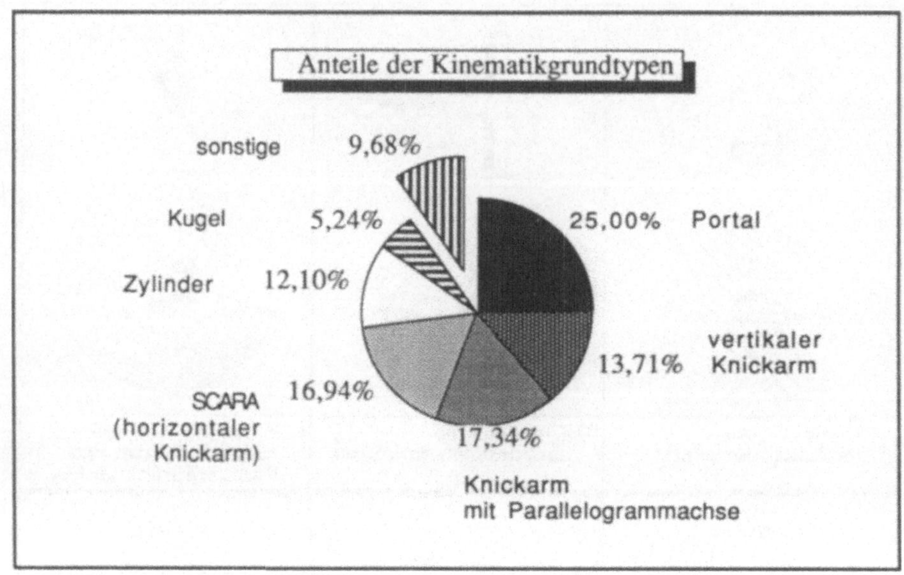

Bild 4-8: Anteil der Industrierobotergrundtypen am Gesamtspektrum

Die Freiheitsgrade der Orientierung können nur durch rotatorische Achsen realisiert werden. Für Bahnsteuerungsaufgaben werden überwiegend zwei Handachsenstrukturen verwendet: Die Zentralhand und die Kreuzwinkelhand (Bild 4-9).

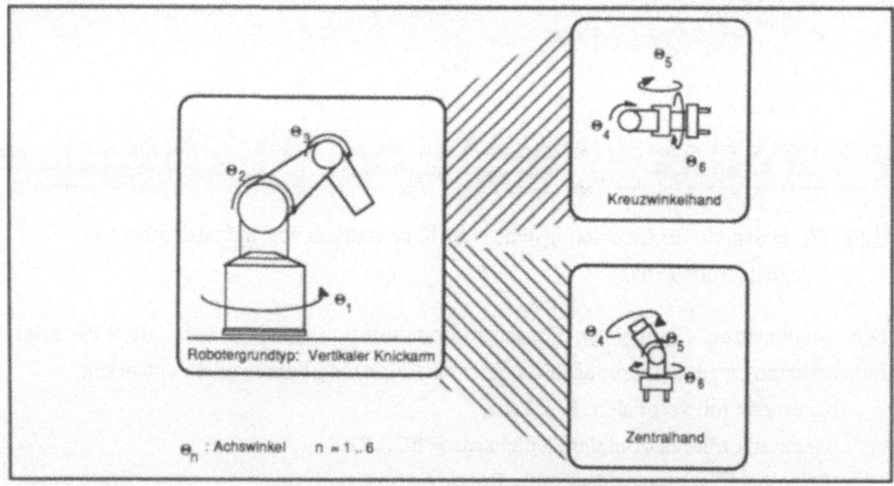

Bild 4-9: Vertikaler Roboter mit Zentral- bzw. Kreuzwinkelhand

Gelingt es für die 6 Grundstrukturen von Industrierobotern mit den beiden Handtypen parametrierbare Algorithmen zur Rückwärtsrechnung zu entwickeln, so können auch mit Robotersimulationssystemen auf Basis von PC-Hardware für die überwiegende Zahl der am Markt angebotenen Industrieroboter Studien zur kartesischen Bewegungsführung ausführt werden. Diese Basisalgorithmen können durch steuerungsabhängige Ergänzungen bei der Konfigurierung einer "virtuellen Robotersteuerung" an die Erfordernisse einer speziellen Steuerung angepaßt werden.

4.3.3 Abbildung der informationstechnischen Einbindung der Industrierobotersteuerung in der Zelle

Die automatisierte Fertigung eines variantenreichen Produktionsprogramms setzt eine integrierte Rechnersteuerung und informationstechnische Verkettung aller Komponenten voraus, welche auf den verschiedenen Funktionsebenen des Fertigungsbereichs Steuer-, Leit-, Kontroll- und Überwachungsaufgaben durchführen (Bild 4-10) /48/.Der Industrieroboter stellt hier nur eine Komponente in der informationstechnischen Struktur des Fertigungsbereichs dar. Wegen der informationstechnischen Verkettung der Komponenten einer Zelle muß auch eine Prozeßsimulation der Industrieroboter-

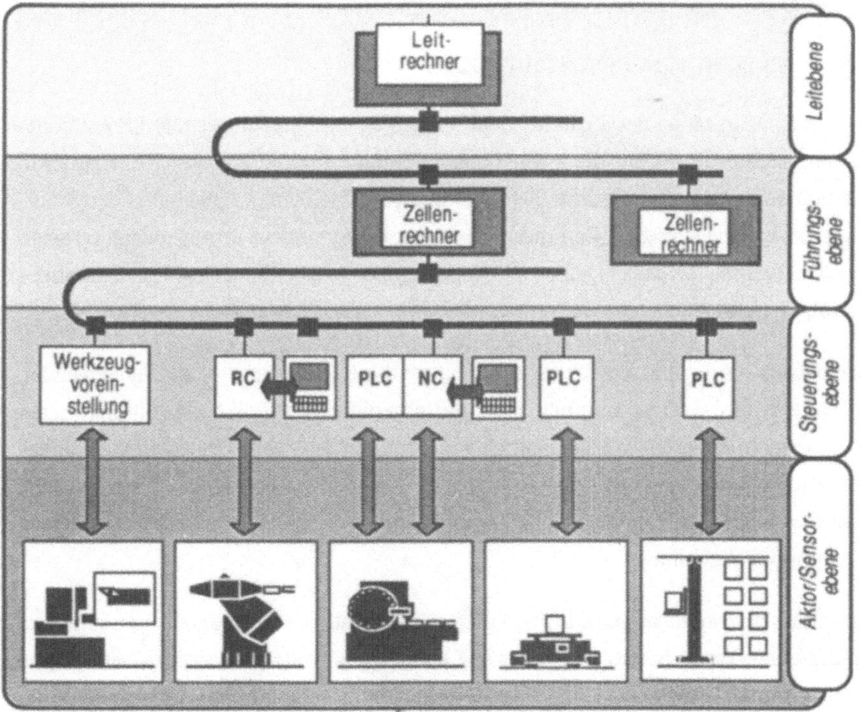

Bild 4-10 Automatisierungskomponenten und informationstechnische Verkettung (Quelle: /49/)

anwendung in der Lage sein, die Schnittstellen zu den Peripheriekomponenten und NC-Steuerungen zu berücksichtigen.

Ohne eine vollständige Berücksichtigung des Signalaustauschs zwischen der Robotersteuerung sowie den anderen Steuerungen und Peripheriegeräten in der Roboterzelle ist ein vollständiger Test von Anwendungsprogrammen für Industrieroboter nur bruchstückhaft möglich. Während der Simulation müssen daher alle anwendungsprogrammrelevanten Signalzustände an den Kommunikationsschnittstellen der Robotersteuerung abgebildet werden können.

4.3.4 Modellstrukturen

Wird eine Rechnersimulation für einen feststehenden Prozeß durchgeführt, so wird der mathematische Zusammenhang zwischen Eingangssignal und Ausgangssignal durch das rechnerinterne Prozeßmodell festgelegt. Sollen vom Prozeßmodell verschiedene Systemkonfigurationen berücksichtigt werden, so stehen prinzipiell zwei Methoden zur Auswahl dies in der Simulationssoftware abzubilden.

4.3.4.1 Konfigurierbares Simulationsmodell

Für jede Konfiguration des abzubildenden Prozesses wird eine angepaßte Simulationssoftware erstellt, in der nur die jeweils notwendigen Funktionen dieser Konfiguration enthalten sind. Das gesamte Prozeßverhalten ist so direkt im Algorithmus der Simulationssoftware beschrieben. Soll dieses System auch für andere Prozeßkonfigurationen eingesetzt werden, so hat zunächst eine Anpassung des algorithmischen Prozeßabbildes zu erfolgen (Bild 4-11).

Systematisch wird dieses Verfahren in konfigurierbaren Softwaresystemen angewendet, wo vorgefertigte Softwaremodule für unterschiedliche Prozeßkonfigurationen nach Bedarf zusammengestellt werden. Durch wohl definierte Systemschnittstellen kann das Simulationsrahmensystem ungeändert in allen Anwendungen eingesetzt werden. Die Besonderheiten und Eigenarten der Applikationen werden in einem gesonderten Systemmodul abgebildet.

Vorteil dieser Vorgehensweise ist, daß für jede Simulation eine optimal zugeschnittene Simulationssoftware bereitgestellt werden kann, die jeweils prozeßspezifische Algorithmen einsetzt. Aufwendiger System-Overhead allgemeingültiger Softwaresysteme kann vermieden werden.

Da eine Modelländerung zwangsläufig immer eine Simulationsanpassung von Moduln des Simulationssystems erfordert, ist diese Art der Prozeßabbildung nur dann sinnvoll einsetzbar, wenn

- Änderungen des Prozeßmodells äußerst selten erforderlich sind oder
- eine allgemeingültige parametrierbare Beschreibung von Prozeßvorgängen nicht mit vertretbarem Aufwand möglich ist.

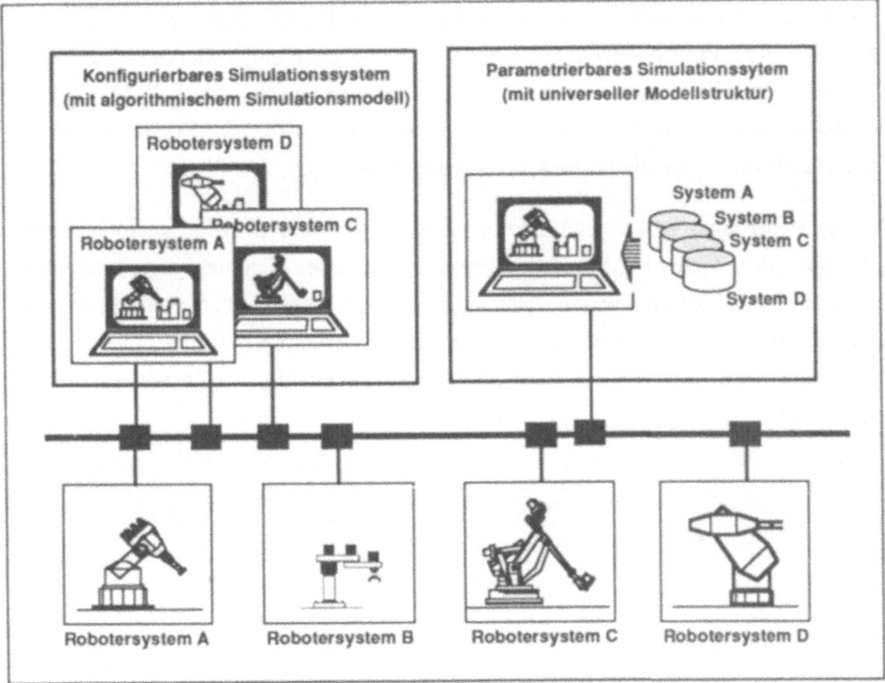

Bild 4-11: Modellstrukturen für steuerungsorientierte Simulationssysteme

4.3.4.2 Parametrierbare Modellbeschreibung

Wesentlich flexibler ist eine Modellbeschreibung mit Hilfe von charakterisierenden Parametern des Prozesses. Voraussetzung für die Anwendung ist, daß in einer umfassenden Untersuchung alle charakterisierenden Parameter aller denkbaren Prozeßalternativen ermittelt wurden. Darüber hinaus muß die Aufstellung allgemeingültiger Algorithmen möglich sein, die mit den ermittelten Parametern an die spezielle Anwendung angepaßt werden können (Bild 4-11).

Der Vorteil dieser Modellbeschreibung ist, daß mehrere Systemalternativen vom Simulationssystem bearbeitet werden können und erst zur Laufzeit anhand der Modellparameter unterschieden wird, welche Alternative angewendet werden soll. Der Nachteil dieser Methode ist, daß eine allgemeingültige Prozeßbeschreibung mit allen denkbaren Alternativen häufig eine sehr umfangreiche Systemsoftware erfordert.

Für die steuerungsorientierte Simulation von Anwendungsprogrammen für Industrieroboter muß eine Kombination aus beiden Methoden als optimale Systemstruktur angesehen werden:

Die geometrische Gestalt von Industrieroboter und Zellenobjekten, ihre kinematische Struktur und räumliche Anordnung, sowie technologische und steuerungsspezifische Parameter und Grenzwerte können in einer verallgemeinerten Modelldatenstruktur abgebildet werden. Hierdurch erhält man eine hohe Flexibilität des Systems in Bezug auf Art und Umfang des aktuellen Modells einer Applikation.

Nur die steuerungsspezifischen Funktionen (Bild 4-4), wie z.B. Bahnsteuerung, Überschleiffunktion, technologische Operationen, usw., lassen sich nicht allgemeingültig beschreiben, da hier die herstellerabhängigen Besonderheiten stark voneinander abweichen können. Für das Steuerungsmodell ist daher die direkte algorithmische Beschreibung und damit die steuerungsabhängige Konfigurierung des Simulationssystems erforderlich.

5. Systemkonzept und Realisierungen

Nach dem zuvor in Kapitel 4 aufgestellten Anforderungsprofil ist im Rahmen dieser Arbeit das CAD-unabhängige und steuerungsorientierte Simulationssystem GROSIM realisiert worden. Im Gegensatz zu den meisten am Markt verfügbaren Systemen wird mit GROSIM der kostengünstige Einsatz von Offline-Programmierung und Programmtest in einer integrierten Systemlösung auf Basis von Rechnern der PC-Klasse geschaffen.

Auf der Basis von abstrahierten Modellen der Roboterarbeitszelle ermöglicht es dem Anwender, Industrieroboteranwendungen vorab zu prüfen und zu optimieren. Die Entwicklung der Anwenderprogramme erfolgt in Verbindung mit bereits existierenden Offline-Programmiersystemen (z.B. Robex-M /50/). Die starke Orientierung des Systems an den Erfordernissen der z. Zt. eingesetzten Robotersteuerungen ist ein wesentlicher Schritt zur Verlagerung der "vor-Ort-Testphase" aus der Roboterzelle in die Arbeitsvorbereitung.

Durch das Konzept der konfigurierbaren "virtuellen Robotersteuerung" ist es möglich, steuerungsspezifische Funktionen abzubilden. Erst deren genaue Berücksichtigung im Simulationsmodell schafft die Basis, das reale Verhalten von Industrierobotern anzunähern und während der Programmausführung in der Simulation zu beurteilen.

5.1 Systemstruktur und Funktionsumfang

Im Simulationssystem GROSIM sind zur Darstellung von Roboteraufgaben Funktionen zur Nachbildung von Bewegungen des Industrieroboters sowie zur Simulation von Greifoperationen und Werkstückhandhabungen in Abhängigkeit des Programmcodes enthalten, so daß der reale Funktionsablauf des Roboters im Simulationssystem nachgebildet werden kann. Da Industrieroboter im Regelfall in flexibel integrierten Fertigungs- und Montagesystemen eingesetzt werden, besteht zusätzlich auch die Notwendigkeit zur Simulation von Sensor- und Peripheriesignalen. Dies wird erforderlich, da der Industrieroboter den Datenaustausch mit den Steuerungen der Werkzeugmaschinen und Peripheriegeräten in seiner Zelle benötigt, um einen koordinierten Ablauf der Fertigungs- oder Montageaufgabe sicher zu stellen. Deshalb ist im Simulationssystem die Emulation von Sensor- und Peripheriesignalen vorgesehen, um den realen Signalfluß in der Roboterzelle zwischen der IR-Steuerung und seiner Peripherie ersatzweise vom Anwender steuern zu lassen.

Neben der Simulation der Bewegung, Handhabung und des Signalaustausches in der Roboterzelle ist die Berechnung der Laufzeit der Aufgabenzyklen Koordinierung der eine weitere Hauptaufgabe der Simulation. Dementsprechend ist im Simulationssystem eine Testsystemzeitbasis realisiert, die es ermöglicht, in einem festgelegten Zeittakt die Roboteraufgaben grafisch darzustellen. Durch Simulation des Handhabungsablaufs besteht somit die Möglichkeit, die benötigte Laufzeit vorab zu bestimmen und zu optimieren. Durch Spreizung des Zeitmaßstabs und Verlangsamung der zeitlichen Abläufe können auch rechenintensive Aufgaben zeitgerecht auf preiswerter PC-Hardware simuliert werden.

Strukturiert ist das Simulationssystem GROSIM in Moduln, die folgende Aufgaben erfüllen (Bild 5-1):

- Modellierung von Geometrie und Kinematik sowie Beschreibung von Steuerungseigenschaften (Modelleditor)
- Simulation von Anwenderprogrammen
- Übertragung von Programmen von und zur Industrierobotersteuerung (DNC)
- Datenaufbereitung von CAD-Geometriedaten (IGES -> 3D Modell)

Auf diese Weise können die umfangreichen Funktionen und Aufgaben auch auf PC's mit ihrem begrenzten Hauptspeicher ausgeführt werden. Realisiert ist die Systemsoftware überwiegend in der Sprache PASCAL, um eine Portierung auf andere Rechnersysteme zu erleichtern. Alle hardwarenahen Systemfunktionen zur Realisierung des Datenaustausches mit dem eingesetzten Grafiksystem bzw. zur Nutzung von Betriebssystemfunktionen sind als Assembler-Routinen verwirklicht, die nach Aufgabentyp geordnet in Treibermoduln zusammengefaßt sind.

Der Datenaustausch zwischen GROSIM-Systemmoduln erfolgt ausschließlich über Dateien, so daß der Datenaustausch mit textuellen Offline-Programmiersystemen erleichtert und eine Integration weiterer Systemmoduln erleichtert wird. Durch Konfigurierung der "Virtuellen Robotersteuerung" wird das Simulationssystem GROSIM für einen Einsatz mit einem bestimmten Offline-Programmiersystem und einer bestimmten Robotersteuerung vorbereitet.

Ausgangsbasis für die Simulation ist das Roboterapplikationsprogramm im ASCII-Format, so wie es von einem Offline-Programmiersystem erzeugt werden kann. Ihre Verarbeitung im Simulationssystem setzt eine sprachabhängige Vorverarbeitung in einem Preprozessor voraus. Hierdurch wird die Möglichkeit für ein generalisiertes Interpreterkonzept geschaffen, so daß eine einheitliche interne Verarbeitung für Roboteranweisungen in der "Virtuellen Robotersteuerung" möglich wird.

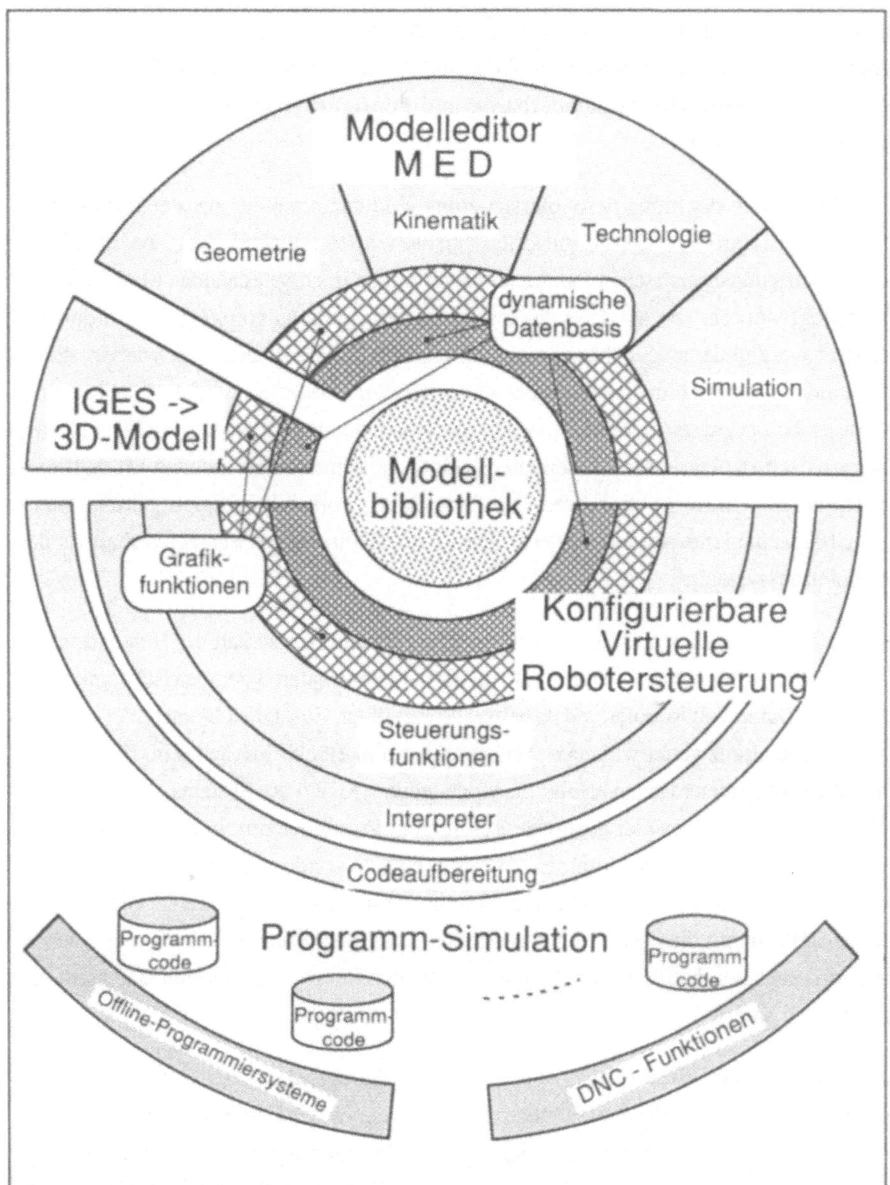

Bild 5-1: Struktur des Simulationssystems GROSIM

5.2 Aufbau des Simulationsmodells

Basis für die Simulation der Steuerungsprogramme für Industrieroboter ist ein rechnerinternes Modell, das sowohl die Anordnung von Roboter und Arbeitszelle beschreibt als auch die Eigenschaften der Robotersteuerung nachbildet. Besonderes Augenmerk galt bei der Realisierung der Echtzeitfähigkeit des Simulationssystems. Um eine ausreichende Modellvielfalt im System abbilden zu können, wurde für das GROSIM-System eine Kombination aus parametierbaren und konfigurierbarem Simulationsmodell gewählt (vgl. Bild 4-11).

Die Funktionen der Industrierobotersteuerung sind dazu in einer aus steuerungsspezifischen Basisfunktionen konfigurierten "virtuellen Robotersteuerung" nachgebildet, deren steuerungsspezifischen Parametereinstellungen in entsprechenden Modelldateien hinterlegt werden. Die Modelle des mechanischen Aufbaus von Zelle und Industrieroboter werden demgegenüber ausschließlich in Parameterdateien beschrieben, die in Verbindung mit der universellen Modelldatenstruktur eine vollständiges Modell von Industrieroboter und seiner Zelle repäsentieren. Hauptaugenmerk bei der Realisierung der hierarchisch strukturierten Modelldatenstruktur galt einer ausreichenden Modellflexibilität bei hohem Abstraktionsgrad. Die Entwicklung von rechenzeitoptimierten Datenzugriffsmechanismen ist ein weiterer Schritt zur Wahrung des Echtzeitverhaltens des Simulationssystems.

Zur Speicherung aller parametrischen Modellinformationen enthält das Simulationssystem GROSIM eine Modellbibliothek, deren Parameterdateien geometrische und kinematische Daten von Roboter und Arbeitszelle enthalten. Zusätzlich können hier roboterspezifische Grenzwerte, wie max. Achsgeschwindigkeit beschrieben sein. Der Aufbau der Modellparameterdateien erfolgt im Modelleditor (MED) des Systems, da PC-basierte CAD-Systeme heute weder geeignete Beschreibungsmöglichkeit für die kinematischen Zusammenhänge von Roboterachsen noch eine besonders optimierte Geometriebeschreibung für die "quasi"-Echtzeitsimulation auf PC's bereitstellen können. Der MED stellt damit die notwendigen Modellentwurfswerkzeuge zur Verfügung, die zur abstrahierten Beschreibung der Zellenkomponenten in einer optimierten Datenstruktur notwendig sind.

Zum Umfang des MED gehören Funktionen zur Entwicklung des Zellenlayouts und Beschreibung aller Zellkomponenten. Dem Anwender wird die Möglichkeit gegeben Modelldateien von Robotern und Fertigungszellen aufzubauen bzw. vorhandene zu verändern. Während der Modellierung stehen menügeführte Beschreibungsfunktionen zur Festlegung der Kinematik von Bewegungsachsen und deren Geometriekörper. Darüber hinaus können notwendige Steuerungsparameter festgelegt werden.

5.2.1 Modellkomponenten

Für die Simulation von Industrierobotern und deren Handhabungsoperationen müssen Daten über deren Gestalt und ihre Anordnung in der Arbeitszelle sowie ihre Steuerungen im Modell beschrieben werden (Bild 5-2).

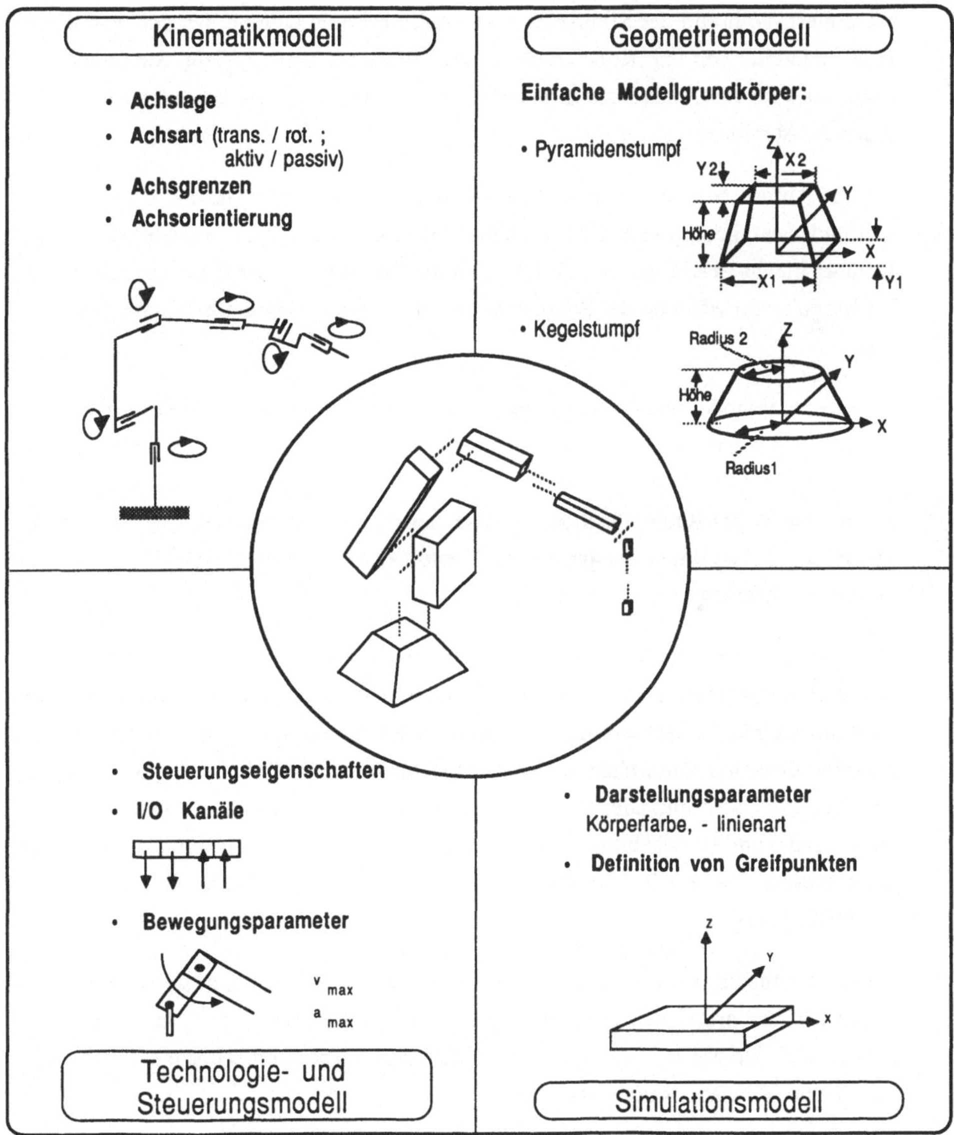

Bild 5-2: Komponenten des Simulationsmodells im GROSIM-System

Diese Daten lassen sich in vier unterschiedliche Komponenten gliedern :

Das Geometriemodell enthält alle Informationen über die äußere Form und die räumliche Lage der Roboter und Maschinen während der Simulation der programmierten Bewegungsabläufe. Dazu werden die realen, eventuell sehr komplexen Geometrien von Robotern, Maschinen, Werkzeugen und Werkstücken durch einfache Modellkörper approximiert. Während der Simulation werden diese Daten laufend den geometrischen Lageveränderungen von Roboterachsen bzw. Werkstücken angepaßt. Sie bilden die Datenbasis für die Positionsbestimmung aller Objekte sowie für deren nachfolgende grafische Abbildung.

Art und Aufbau des Geometriemodells haben hierbei großen Einfluß auf die Genauigkeit und Aussagefähigkeit der Simulation, insbesondere bei der Kollisionsprüfung. Darüber hinaus beeinflußt der Umfang und die Komplexität der Geometriedaten den Rechenaufwand während der Simulation und die Detaillierung der grafischen Darstellung.

Im Kinematikmodell werden dagegen die Daten der kinematischen Struktur des Industrieroboters sowie die kinematischen Relationen der Modellobjekte zueinander abgelegt. Es beschreibt neben dem Aufbau der kinematischen Kette des Roboters auch deren Anordnung im 3D-Raum. Position und Orientierung von Bewegungsachsen werden im Modell durch Anordnung entsprechender Koordinatensysteme relativ zu einem Bezugssystem beschrieben.

Das Technologiemodell beschreibt charakteristische Daten des Industrieroboters und seines Bewegungsverhaltens. Für eine Simulation werden Angaben über maximale Verfahrbereiche, Geschwindigkeiten und Beschleunigungen jeder Roboterachse benötigt. Eine algorithmischen Modellkomponente legt zusätzlich die Steuerungseigenschaften fest. Darin sind alle Verfahren zu Programmverarbeitung und Ausführung von Bewegungs- und Handhabungsoperationen enthalten. Ergänzend werden dazu weitere Informationen über die Robotersteuerung, wie die Zahl der zu berücksichtigenden I/O - Kanäle definiert.

Neben den bisher beschriebenen Komponenten des Simulationsmodells sind weitere Daten z.B. zur grafischen Darstellung bzw. zur Durchführung von Greifoperationen erforderlich. Sie werden als weitere ausschließlich simulationsspezifische Modellkomponente im Simulationsmodell behandelt.

5.2.2 Modellhierarchie

Die Modelldaten befinden sich während der Simulation in einer hierarchisch gegliederten Datenstruktur im Hauptspeicher des Rechners. Sie bilden die zentrale Datenbasis für die Simulation von Roboterprogrammen in der Fertigungszelle. Einerseits dienen ihre Geometriedaten zur Simulation von Bewegungsvorgängen (z. B. Drehen einer Roboterachse) entsprechend der mathematischen Modellbeschreibung, andererseits werden sie als Ausgangsdaten der Bildpunkte auf dem Grafik-Bildschirm benötigt.

Durch die Struktur ihrer Daten und die Vernetzung ihrer Elemente hat die Modelldatenbasis einen wesentlichen Einfluß auf die Effizienz der grafischen Simulation. Daher ist sie in einer hierarchische Datenstruktur mit vier getrennten Datenebenen realisiert (Bild 5-3). Die Zellenebene enthält als hierarchisch höchste Datenebene ausschließlich den Wurzelknoten der Baumstruktur mit globalen Informationen über die Gesamtzelle.

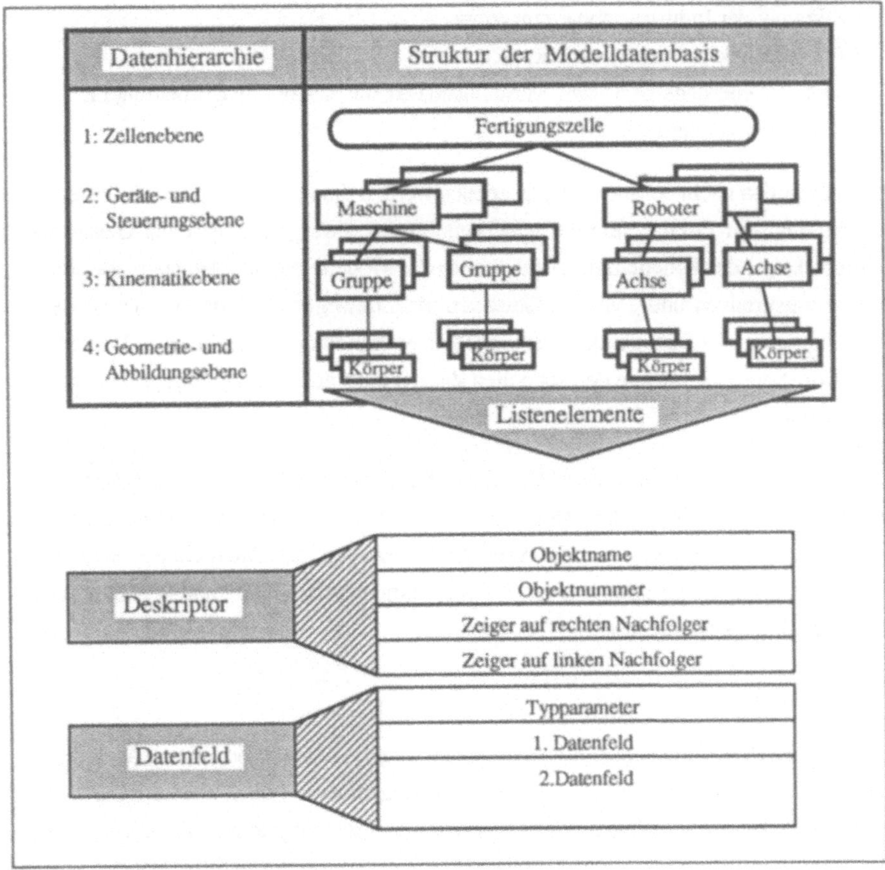

Bild 5-3: Hierarchisch strukturierte Modelldatenbasis

In diesem Listenelement sind der Name der Zelle sowie Anzahl und Namen der Industrieroboter bzw. -steuerungen, sowie der Maschinen und Peripheriegeräte aufgeführt. Auf der darunter angeordneten Geräte- und Steuerungsebene wird jede Maschine oder jedes Peripheriegerät der Zelle sowie die Industrieroboter und ihre Steuerungen mit den simulationsrelevanten Kenngrößen, wie

- Maschinen-, Roboter-, Roboterkennzeichnung: Name und Nummer
- Anzahl der nachgeordneten Datenstrukturelemente sowie deren
- Elementnamen

aufgeführt.

Für die Industrieroboter und ihre Steuerungen sind weitere Modelldaten auf dieser Modellebene angeordnet, wie

- kinematischer Grundtyp des Industrieroboters
- kinematischer Typ der Handachsen
- Kennung der Industrierobotersteuerung
- Art der Rückwärtstransformation sowie
- weitere steuerungsspezifische Maschinendaten zur Programmverarbeitung im Simulationssystem.

Auf den beiden nachgeordneten Datenebenen werden die Industrieroboter und ihre Zellenumgebung in ihren kinematischen Daten und in ihrer geometrischen Gestalt beschrieben. Auf der Kinematikebene enthalten die Modellelemente Angaben über Lage, Bewegungsgrenzen und Typ von Gelenken bzw. beweglichen Körpern des Modells. Diese hierarchische Datenstruktur ermöglicht in Verbindung mit der linearen Verkettung innerhalb einer Datenebene den schnellen Zugriff auch auf untergeordnete Datenstrukturelemente.

Die Daten eines Elementes dieser Modelldatenbasis lassen sich in ein Deskriptorfeld und in ein Datenfeld zerlegen. Das Deskriptorfeld enthält Angaben über Elementname, -nummer und je einen rechten und linken Nachfolgezeiger. Das Datenfeld besteht je nach Strukturebene aus Maschinen- oder Roboterkenndaten bzw. Kinematik-, Geometrie- oder Abbildungsparametern.

5.2.2.1 Kinematik

Die Kinematik mehrachsiger Industrieroboter wird im Simulationsmodell als kinematische offene Kette von Achsen aufgefaßt /51/. Abgebildet werden kinematische Ketten durch eine Folge von aufeinander bezogenen Koordinatensystemen, die entsprechend den Dreh- und Schubachsen des Roboters im Raum angeordnet sind (Bild 5-4).

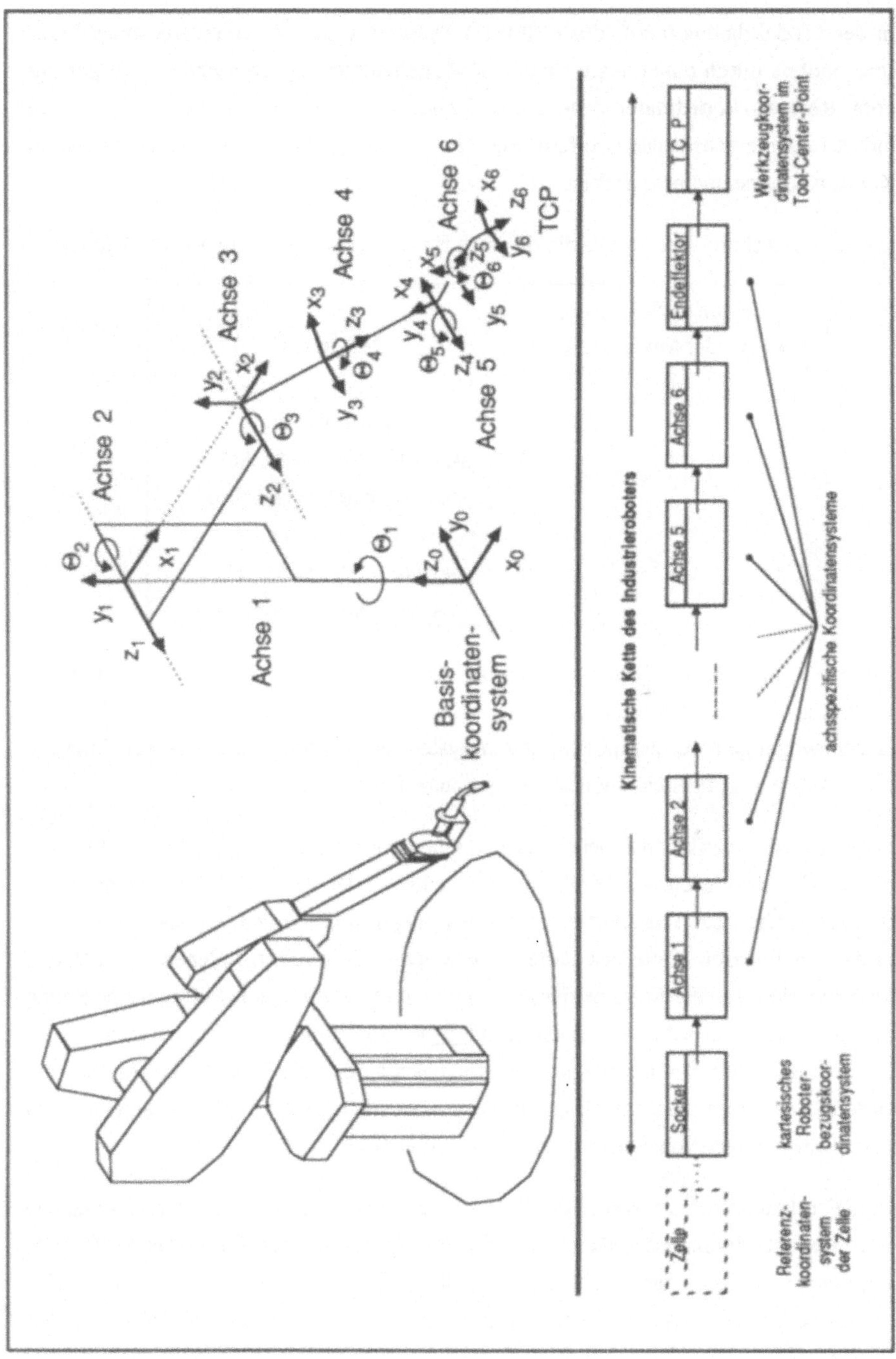

Bild 5-4: Kinematische Verkettung von Roboterachsen in der Modelldatenstruktur

In der Modelldatenstruktur des GROSIM-Systems wird die Kinematik eines Industrieroboters durch eine lineare Liste von Modellelementen repräsentiert. Ausgehend vom Referenzkoordinatensystem der Zelle wird die kinematische Kette von Industrieroboterachsen und Greifern (Endeffektor) bis hin zum Tool-Center-Point durch Koordinatensysteme beschrieben.

Die Art der Achsen wird jeweils durch einen Kinematikparameter im Modell definiert:

Kennzeichnung der Art der Modellachse	Bedeutung
0	starre Achse
1	aktive translatorische Achse
2	aktive rotatorische Achse
3	passive translatorische Achse
4	passive rotatorische Achse
5	Achskopplungselement

Der Drehsinn bzw. die Schubrichtung der Roboterachsen wird im Modell durch die Richtung der Z-Koordinatenachse des Achskoordinatensystems festgelegt. Positive Achsbewegungen werden im Simulationssystem im mathematisch positiven Sinn um die Z-Achse bzw. in Richtung der Z-Achse ausgeführt.

Sollen im Kinematikmodell neben offenen kinematischen Ketten geschlossene kinematische Achsstrukturen wie Parallelogrammachsen oder gesteuerte Zusatzachsen wie Schweißtische oder Transporteinrichtungen abgebildet werden, ist das Konzept der einfachen linearen Kette des Kinematikmodells zu erweitern. Neben den offenen kinematischen Ketten für Industrieroboter müssen sowohl parallele kinematische Ketten als auch kinematische Schleifen (Bild 5-5) abgebildet werden. Hierzu ist im Kinematikmodell der Begriff der passiven Achse erforderlich. Er ermöglicht die Beschreibung von mechanisch gekoppelten aber nicht selbst angetriebenen Achsen deren Bewegungen von anderen Achsen bestimmt wird.

Eine Parallelogrammstruktur (Bild 5-5) ist im Kinematikmodell durch eine zusätzliche geschlossene kinematische Kette zu berücksichtigen. Falls der Schluß der Kette nicht mit einer Vorgängerachse, wie Achse 2 in Bild 5-5, möglich ist, muß zur Vervollständigung der Datenstruktur ein Achskopplungselement in die Kinematikstruktur eingefügt werden.

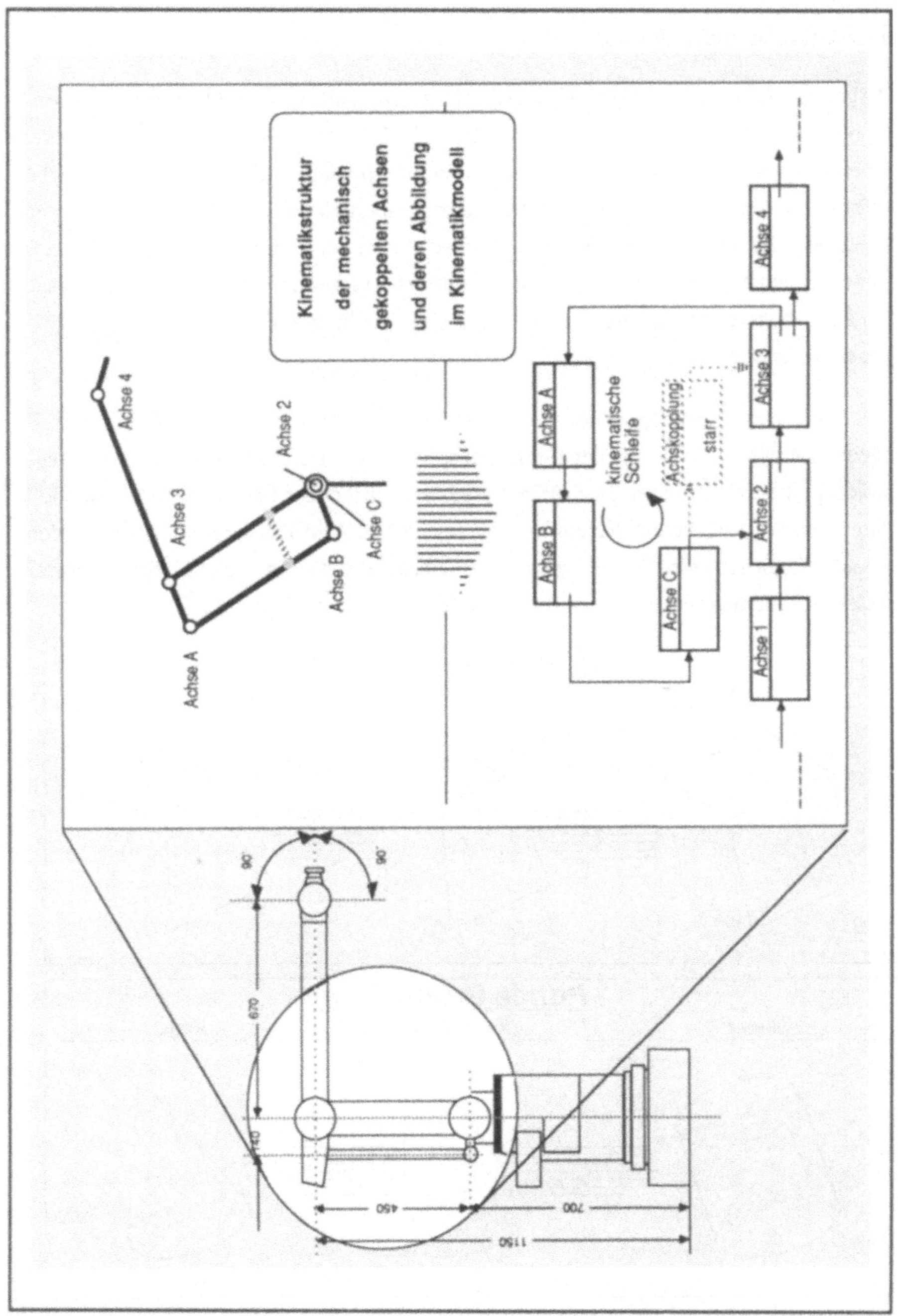

Bild 5-5: Repräsentierung einer Parallelogrammachsstruktur in der Datenstruktur

5.2.2.2 Geometriebeschreibung

Während CAD-Systeme eine möglichst präzise und naturgetreue Geometrierepräsentation mit Freiformflächen und Volumendarstellung anstreben /52/, ist die Verwendung eines stark abstrahierten Geometriemodells für die Simulation möglich, ohne erhebliche Informationseinbußen während des Roboterprogrammtests in Kauf nehmen zu müssen. Besonders der Verzicht auf komplexe Körperflächen wie Freiformflächen mit Splines reduziert den erforderlichen Berechnungsaufwand und schafft die notwendige Basis, um eine Programmsimulation mit Bewegungsdarstellung auf einem Rechner der PC-Klasse zu ermöglichen.

Allein die Beschränkung auf ebene Flächen von Körpern ist aber noch nicht ausreichend, um eine Berechnung der Geometrieabbildung in einer für den Benutzer akzeptablen Zeit durchzuführen. Im GROSIM-System wird daher für das Geometriemodell eine noch weitergehende Vereinfachung festgelegt. Alle Körpergeometrien werden ausschließlich aus zwei Grundkörpern zusammengesetzt. Durch Variation der Parameter lassen sich hieraus sechs Arten von Grundkörpern ableiten (Bild 5-6).

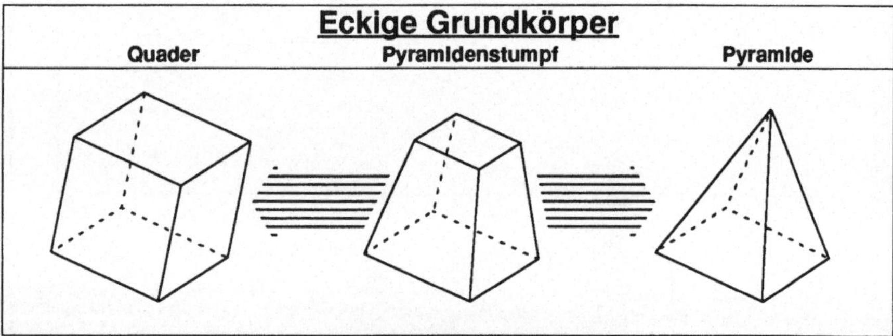

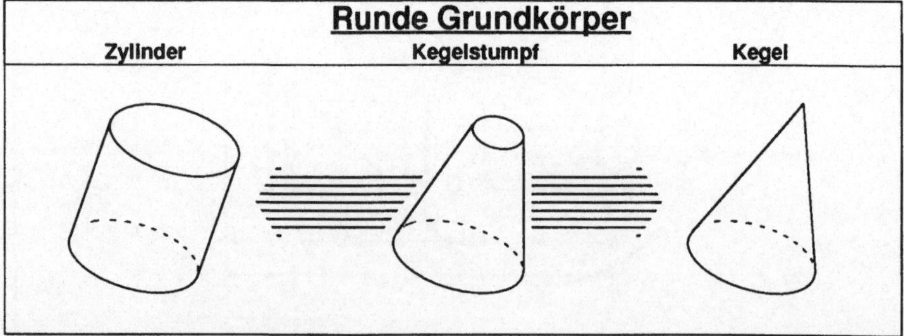

Bild 5-6: Grundkörper des Geometriemodells

In der Datenstruktur werden die Grundkörper jeweils durch eine fest definierte Punktmenge und durch die geometrisch sinnvolle Verbindung dieser Punkte mit Linien repräsentiert. Der Pyramidenstumpf wird durch seine acht Eckpunkte und die zugehörigen Verbindungen dargestellt. Bei einem Kegelstumpf werden die Kreisflächen des jeweiligen Körpers durch Zwölfecke nachgebildet, so daß seine Körperkontur durch insgesamt 24 Punkte und die zugehörigen Verbindungsvektoren festgelegt wird. Ergänzt werden sie durch weitere Parameter wie die Normalenvektoren der Körperflächen zu Flächenmodellen.

Erscheint die Nachbildung mit nur zwei fest definierten Grundkörpertypen zunächst als eine sehr große Einschränkung der Allgemeinheit, so lassen sich dennoch eine ganze Reihe ebenflächig begrenzter Körper damit abbilden. Neben Quader und Würfel lassen sich prinzipiell alle vierseitigen Prismen, Pyramidenstümpfe, Obeliske und Keile abbilden. Für die krummflächig begrenzten Körper lassen sich Körper von Zylinder über Kegelstumpf bis zum geraden Kegel darstellen. Darüber hinaus können komplexere Körpergeometrien durch Zusammensetzung mehrerer Grundkörperelemente approximiert werden.

5.2.2.3 Technologie- und Steuerungsmodell

Alle maschinen- und steuerungsspezifischen Parameter werden im Technologie- und Steuerungsmodell des Simulationssystems GROSIM verwaltet. Je nach dem, ob es sich bei dem Gerät um

- Industrieroboter mit seiner Steuerung
- bewegliche Peripheriegeräte und Werkstücke oder
- fest im Raum plazierte Maschinen

handelt, werden unterschiedliche Parameter im Modell abgelegt.

Neben Gerätenamen und Kennzahl werden die Anzahl und Namen der zum Gerät gehörenden Modellkörper eingetragen. Für die Industrieroboter und ihre Steuerungen sind weitere Parameter, wie

- Kinematiktyp der Robotergrundachsen (Gelenk, Portal, Scara ...)
- Typ der Handachse (Zentralhand, Kreuzwinkelhand ...)
- Steuerungskennzeichen (z. B. RCM3)
- Typ der Rückwärtstransformation und
- weitere roboterspezifische Maschinendaten der Steuerung, wie
    - Winkelstatus zur eindeutigen Beschreibung der Roboterachsstellung bei Ausführung von PTP-Bewegungssätzen
    - Nullpunkt- und Werkzeugkorrekturwerte

im Modell vorgesehen.

Voraussetzung für eine aussagekräftige Simulation der Bewegungs- und Handhabungsvorgänge in einer Roboterzelle ist die genaue Nachbildung der Funktionen der Industrierobotersteuerung. Während sich Geometrie und Kinematik des Industrieroboters ausreichend genau in einer parametrierbaren Modellstruktur abbilden lassen, führt eine Abstraktion der Steuerungsfunktionalität leicht zu einer unzulässigen Abweichung von der Realität. Wegen der Detailunterschiede der Steuerungsfunktionalitäten heutiger Industrierobotersysteme wird für die Funktionsnachbildung im GROSIM-System kein parametriertes Steuerungsmodell, sondern eine speziell für den Steuerungstyp konfigurierte "virtuelle Robotersteuerung" verwendet (vgl. Kap. 5.5).

5.2.2.4 Simulationsparameter

Neben der Kinematik- und Geometriebeschreibung und den Geräte- und Steuerungsparametern sind weitere Modellparameter erforderlich, die keine Entsprechung in der Zellenrealität haben. Zu ihnen gehören die Greifpunkte an Werkstücken und beweglichen Peripherieeinrichtungen wie Greifer oder ähnliches.

Da das Simulationssystem GROSIM keine volumenorientierte Datenbasis für Geometrieobjekte besitzt, werden zusätzliche Greifpunkte für passiv bewegliche Körper benötigt. Sie müssen vom Anwender in der Modellierungsphase explizit einzelnen Körpern zugeordnet werden. Allein die Zuordnung solcher Greifpunkte während der Simulation ist ausschlaggebend, ob ein Körper z.B. von einem Roboter gegriffen und bewegt werden kann.

Die Greifpunkte werden analog zur Beschreibung der Kinematik als Frame mit Position und Orientierung relativ zum lokalen Körperkoordinatensystem beschrieben. Die Orientierungsbeschreibung des Greifpunktes ermöglicht, daß Greifoperationen an einem Körper bei Bedarf nur aus bestimmter Stellung möglich sind.

5.2.3 Verfahren zur Referierung von Modellen

Ist ein Modell einer Roboterarbeitszelle fertiggestellt, so stellt sich die Frage, inwieweit die modellierten Daten mit der realen Geometrie in der Zelle übereinstimmen. Diese Problematik stellt sich für alle Robotersimulationssysteme, ganz unabhängig davon ob CAD unterstützt oder mit Hilfe des Modelleditors im GROSIM-System modelliert wird.

Selbst wenn vom Industrieroboter und allen Zellkomponenten detaillierte CAD-Daten für die Simulation zur Verfügung ständen, kann niemand sicher sein, daß das geplante

Layout der Zelle mit der Realität in den Produktionsanlagen übereinstimmt. Ungenauigkeiten bei der Aufstellung der Maschinen und Fertigungstoleranzen der einzelnen Zellkomponenten erfordern daher immer die nachträgliche Kalibrierung der Simulationsmodelle.

Dabei ist es nicht notwendig, alle Modellgeometrien mit der realen Zelle zu vermessen. Es genügt, wenn ausschließlich für die Handhabung relevante Punkte und Flächen der Modelle abgestimmt werden. Hierzu gehören die Positionen der Spannfutter der Werkzeugmaschinen, die Palettenplätze der Werkstücke und die Andockpunkte der verschiedenen Greifer. Um alle Einflußparameter für Ungenauigkeiten einer Roboterzelle zu erfassen, wird der Industrieroboter als Meßsystem verwendet. Mit ihm können sowohl die relativen Positionen und Orientierungen von Peripheriekomponenten zum Industrieroboter ermittelt werden, als auch die Positionsänderungen aufgrund von Getriebespiel beim Auskragen des Industrieroboters direkt bei der Modellkalibrierung berücksichtigt werden .

5.2.3.1 Bestimmung von Referenzpunkten

Greiferwechseloperationen erfordern für ihre erfolgreiche Durchführung präzise Positions- und Orientierungsangaben. Kleinste Abweichungen führen hier bereits zur Kollision mit der empfindlichen Kopplungsmechanik und den Steckerelementen für elektrische Energie und Datenleitungen (Bild 5-7).

Bild 5-7: Bestimmung von Referenzpunkten in der Industrieroboterzelle

Solche Roboterstellungen sollten als Referenzdaten der Zelle mit Hilfe geteachter Meßprogramme ermittelt werden und zur Offline-Programmierung und Simulation herangezogen werden. Im Simulationssystem GROSIM können solche Referenzpunkte in einer Positionsdatenliste verwaltet und mit Namen im Anwendungsprogramm eingesetzt werden.

5.2.3.2 Kalibrierung von Modellgeometrien

Eine präzise räumliche Anordnung von geometrischen Körpern im Modell kann durch nachträgliche Kalibrierung der Grundkörperelemente (Pyramide, Kegelstumpf) erfolgen. Wie bei der Bestimmung der Referenzpunkte in der Zelle lassen sich die erforderlichen Korrekturwerte mit Hilfe von Vermessungsprogrammen mit dem Industrieroboter selbst bestimmen.

Soll die genaue Lage einer Palette in ihrer Be- und Entladestation festgestellt werden, so können mit Hilfe eines Meßtasters am Roboterflansch charakteristische Punkte der Palette im Vermessungsprogramm durch "Teach In" ermittelt werden. Mit Hilfe von drei Meßpunkten kann z.B. die Lage einer Palettenoberfläche eindeutig im Raum bestimmt werden, ohne eine Orientierungsauswertung der Roboterstellung durchführen zu müssen (Bild 5-8).

Durch Auswertung des Meßprogramms im Simulationssystem GROSIM und Darstellung der Meßpunkte mit Hilfe von Frames kann eine manuelle Ausrichtung des Simulationsmodells im Modelleditor vorgenommen werden.

5.2.4 CAD-Ankopplung

Bei zunehmendem CAD-Einsatz in der Konstruktion stehen immer häufiger detaillierte Geometriedaten von Werkstücken für eine Anwendungssimulation zur Verfügung. Die grafische Simulation von Industrieroboteranwendungen auf Basis von PC's erfordert jedoch im hohen Maße rechenzeitoptimierte Modellbeschreibungen. Um dennoch CAD-Werkstückdaten für die Handhabungssimulation nutzen zu können, ist eine Strategie zur systematischen Reduzierung der eventuell komplexen Geometriebeschreibungen auf das für die Simulation notwendige Maß erforderlich.

Für das Simulationssystem GROSIM wurde daher ein Modul zur Übernahme von CAD-Geometriedaten in die Modelldatenbasis geschaffen. Für das begrenzte Spektrum der rotationssymmetrischen Werkstücke wurde exemplarisch die Verfahrenskette zur Übernahme der 2D-CAD-Daten sowie der Datenreduktion implementiert. Die dazu verwendete standardisierte Schnittstelle IGES (Initial Graphics Exchange Specification) /53/ zur Werkstückbeschreibung ermöglicht die Unabhängigkeit von speziellen CAD-

Datenformaten und unterstützt den universellen Einsatz des Simulationssystems als flexible Systemkomponente zur Roboterprogrammprüfung.

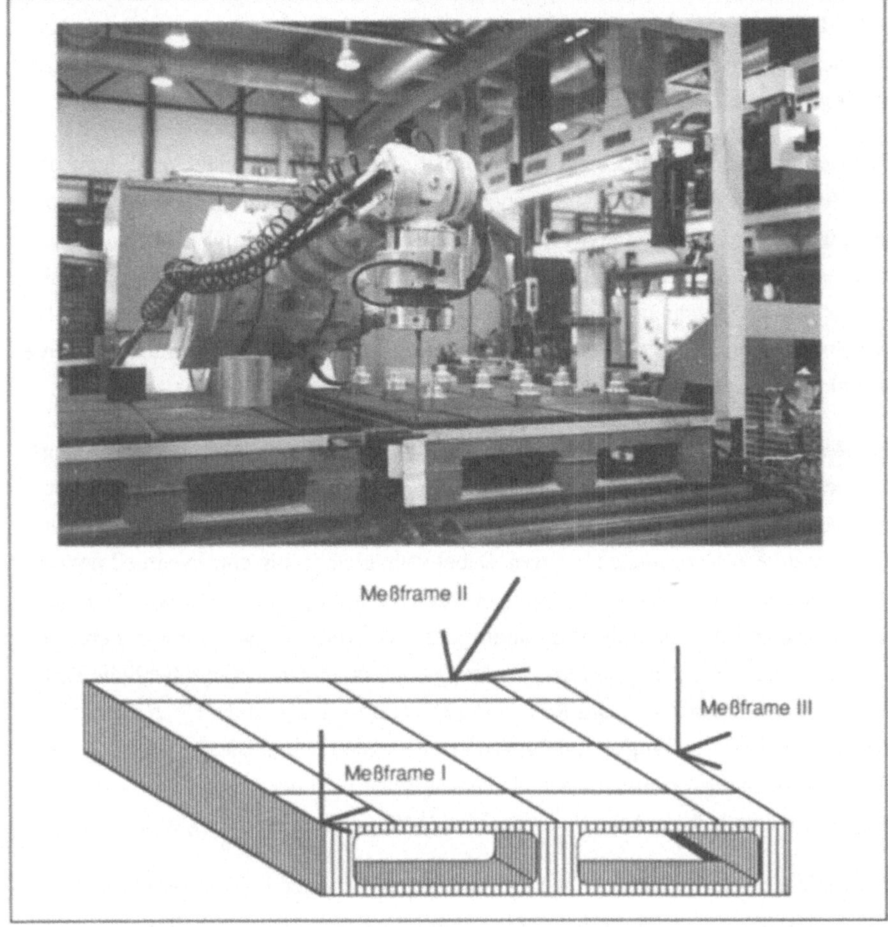

Bild 5-8: Kalibrierung von Modellgeometrien

Ausgangsdaten sind die 2D-Zeichnungsinformationen im IGES-Format. Sie liegen als lesbare ASCII-Datei vor und erlauben, falls notwendig, die einfache Dateiübertragung der Zeichnungsinformation per Rechnerkopplung. Für das begrenzte Werkstückspektrum der Drehteile zeigt sich, daß sich diese Drehteile nur aus den drei Geometrieelementen

- Linien,
- Radien und
- konischen Kurven

zusammensetzen.

Im ersten Schritt der Werkstückdatenverarbeitung erfolgt die Erkennung der Symmetrieachse der Werkstückgeometrie. Im IGES-Datenformat ist hierfür das Entity 106 Form 20 vorgesehen. Die praktische Anwendung hat jedoch gezeigt, daß kommerzielle IGES-Prozessoren von CAD-Systemen diese Formatfestlegung nicht ausreichend berücksichtigen. Hilfsweise wird daher festgestellt, daß als Mittellinie die längste (waagerechte) Linie der Zeichnungsgeometrie identifiziert wird.

Darüber hinaus enthaltene Zeichnungsinformationen wie Bemaßung, Umrahmung und Schriftfeld sind für das Simulationsmodell nicht relevant und müssen vor der Übertragung der Werkstückdaten in die Modelldatenbasis entfernt werden. Wie in Bild 5-9 gezeigt, können mit einer systemgestützten Modelldatenübertragung nicht immer alle konturfremden Zeichnungslinien automatisch entfernt werden. In einem optionalen Arbeitsschritt erhält der Anwender deshalb Gelegenheit, einzelne Zeichnungselemente interaktiv zu entfernen.

Im nächsten Schritt erfolgt die Verlegung des Koordinatennullpunktes der Zeichnungsgeometrie auf einen Punkt der Mittellinie. Damit ist gewährleistet, daß alle Elemente oberhalb der Mittellinie positive Y-Koordinaten und alle Elemente unterhalb der Mittellinie negative Y-Koordinaten besitzen. Dabei kann gleichzeitig eine eventuell notwendige Umrechnung der Einheit in Millimeter und die Multiplikation mit dem Maßstabsfaktor erfolgen. Die Konturinformation geht nicht verloren, wenn alle senkrechten Linien aus der Zeichnung entfernt werden, jedoch ist dadurch eine erhebliche Reduzierung der Daten erreicht. Das Kriterium zur Vereinfachung ist die Übereinstimmung der X-Werte von Anfangs- und Endpunkt eines Elementes. Die Feststellung eines Schnittes ist durch Ermittlung der Elementzahl oberhalb der Mittellinie (positive Y-Werte) und unterhalb der Mittellinie (negative Y-Werte) und deren Vergleich möglich.

Bei Gleichheit der Elementzahlen liegt mit hoher Wahrscheinlichkeit kein Schnitt vor, d.h. eine beliebige Zeichnungshälfte kann entfernt werden. Liegt ein Halbschnitt vor, so liegt die gesamte Konturinformation in der Schnittfläche vor, die andere Zeichnungshälfte kann daher entfernt werden. In den meisten Anwendungsfällen der Robotersimulation ist die Berücksichtigung der Innenkontur des Werkstücks für den Handhabungsvorgang nicht relevant. Auf ihren Eintrag in die Modelldatenbasis kann daher in der Regel verzichtet werden.

Auch der reine Konturzug des Werkstücks enthält immer noch viele Informationen, die für die grafische Robotersimulation nicht erforderlich sind. Kleine Zeichnungsdetails wie Fasen oder Radien können vom System bis zu einem vorgegebenen Maß automatisch aus der Kontur entfernt werden.

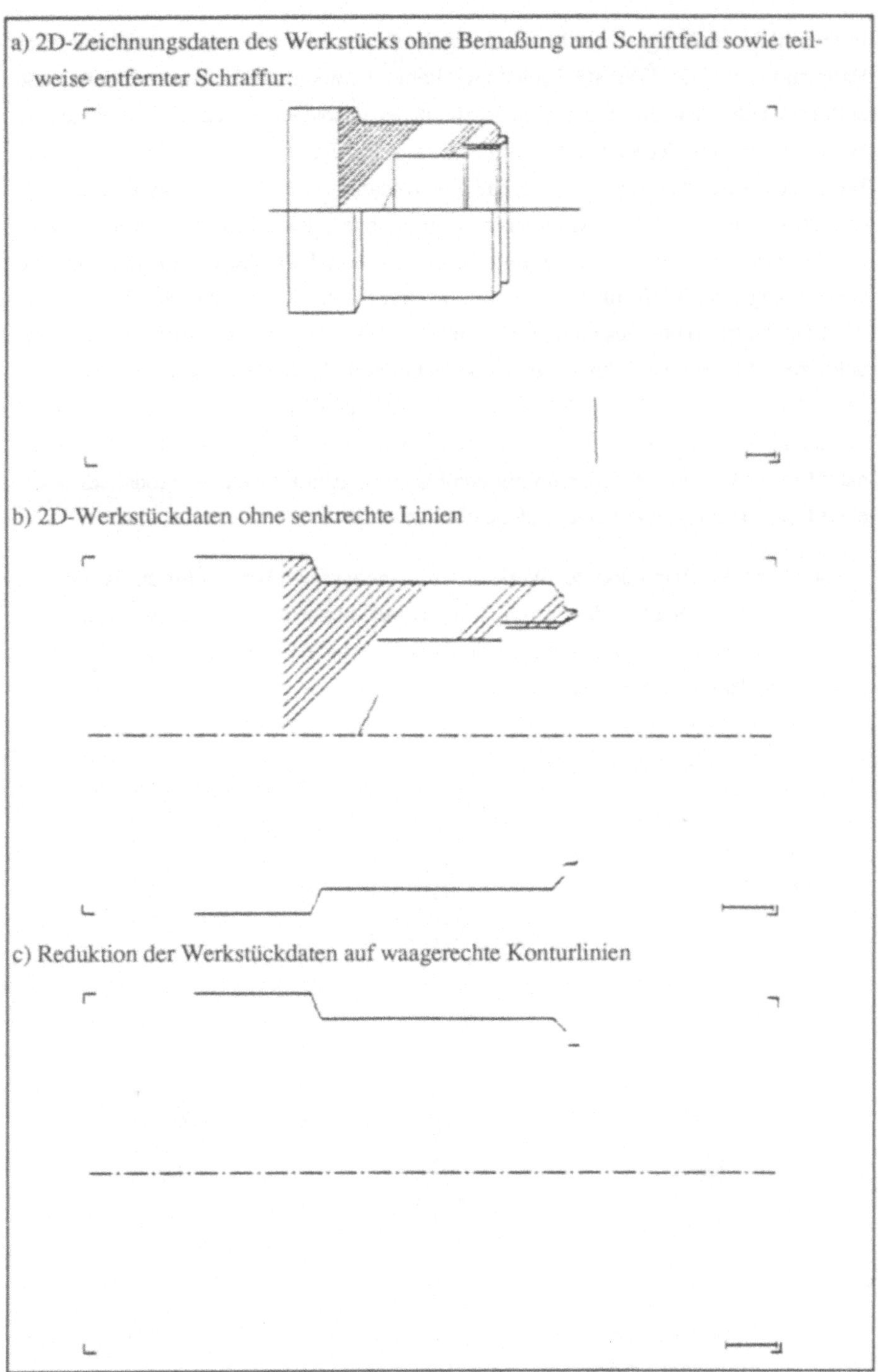

Bild 5-9: Reduktion der CAD-Werkstückdaten für das Simulationsmodell

In diesem Bearbeitungsschritt kann es jedoch zu einer unerwünschten Verkürzung der Hauptabmessung der Werkstückzeichnung kommen, wenn z.B. Fasen am Drehteilende entfernt wurden. Zur Kompensation erfolgt daher in solchen Fällen eine automatische Wiederherstellung der Hauptabmessungen. In jedem Fall erfolgen die Teilschritte der Werkstückdatenreduktion immer so, daß eine Annäherung in Richtung der Rohteilmaße erfolgt, so daß ein Werkstückmodell im Simulationssystem in jedem Bearbeitungszustand immer das Volumen des gesamten Werkstücks einhüllt. Abschließend erfolgt die Generierung eines 3D-Modells aus der 2D-Konturinformation des Werkstücks mit Hilfe der Grundkörpertypen des Geometriemodells. Dabei wird die Z-Koordinate der Modellkörper auf die x-Koordinate der Werkstückmittellinie abgebildet und das lokale Koordinatensystem des Werkstückmodells auf die linke Körperkante des Werkstücks festgelegt. Anschließend steht das Simulationsmodell des Werkstücks als Modelldatenfile zur Verfügung und kann mit den Plazierungsfunktionen des Modelleditors in einer Roboterzelle z.B. auf einer Palette plaziert werden.

Je nach Grad der Reduktion der Werkstückzeichnungsdaten können für ein Werkstück die verschiedenen Stadien der Fertigung im Modell berücksichtigt werden (Bild 5-10). Auf diese Weise ist es möglich, die für die aktuelle Handhabungssimulation notwendige Modellkomplexität zu erzeugen.

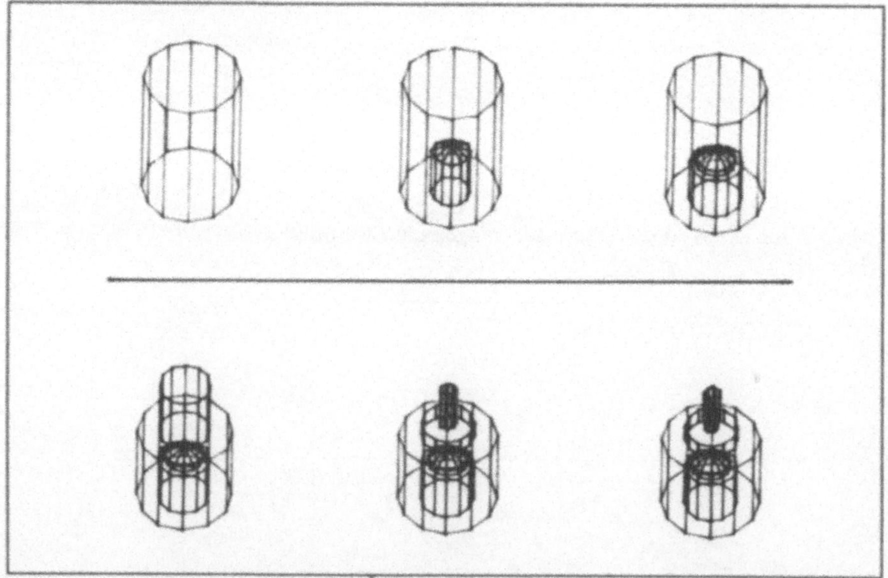

Bild 5-10: Darstellung eines Werkstücks in den verschiedenen Stadien der Fertigung im Simulationsmodell

5.2.5 Modellbibliothek

Die Modellparameter für die unterschiedlichen Industrieroboter, Arbeitszellen und Werkstücke werden innerhalb des GROSIM-Systems in einer Modellbibliothek mit Modelldateien gespeichert. Geordnet nach Robotern und Umweltkomponenten werden sie in einer hierarchischen Struktur verwaltet. Der lesende Zugriff auf eine Modelldatei ist für alle Benutzer ständig möglich. Modifikationen oder neue Modelldateien können von ihnen jedoch nur lokal im eigenen Anwenderdatenbereich des Rechners gespeichert werden. Die Eintragung neuer Modelle bzw. das Überschreiben von Modelldateien ist nur durch einen Systemverantwortlichen möglich.

5.3 Grafikfunktionen des Simulationssystems

Die grafische Darstellung der programmierten Industrieroboteraufgaben erfolgt durch Transformation der 3D-Modelldaten auf die Abbildungsebene des Grafikbildschirms. Durch freie Wahl von Betrachterstandpunkt, Blickrichtung, Abbildungsmaßstab und Perspektive kann der Anwender die Ausführung von Programmanweisungen des Industrieroboters aus verschiedenen Ansichten prüfen und die programmierten Bewegungsabläufe optimieren (Bild 5-11). Zusätzlich kann zwischen einer Flächen- oder Drahtmodelldarstellung gewählt werden.

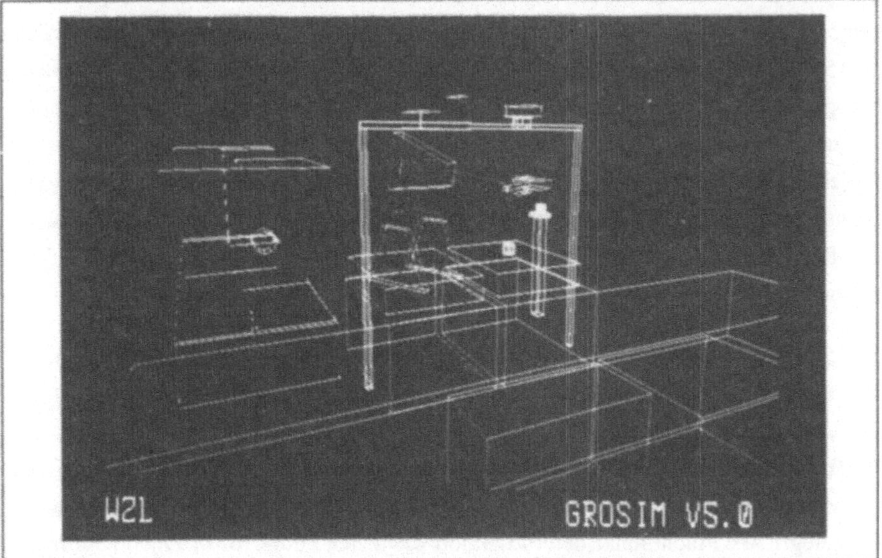

Bild 5-11: Modellabbildung einer Industrieroboterzelle

5.3.1 Abbildungsfunktionen

Zur grafischen Darstellung von Industrierobotern und Arbeitszellen am Farbgrafikbildschirm bietet das Simulationssystem dem Anwender Abbildungsfunktionen zur freien Auswahl des Betrachterstandpunktes, der Perspektive und des Maßstabs. Die drei Standardansichten Draufsicht, Seitenansicht und Vorderansicht ermöglichen dem Anwender zunächst eine globale Übersicht über Anzahl und Anordnung seiner Zellenobjekte. Die Wahl des Abbildungsmaßstabs ermöglicht die Ausschnittvergrößerung von Ansichten für Detailstudien. Die Einstellung des Perspektivparameters läßt die Parallelprojektion bzw. die Vermittlung der räumlichen Tiefe bei der grafischen Darstellung zu (Bild 5-12).

Implementiert sind die Grafikfunktionen mit speziell rechenzeitoptimierten Zugriff auf die dynamische Simulationsdatenbasis. Diese 3D-Grafikfunktionen ermöglichen trotz Standard-PC-Hardware eine hohe Abbildungsfrequenz der Modelle und bilden die Basis für die Roboterbewegungssimulation in "quasi Echtzeit". Darüber hinaus wurde ein Grafikalgorithmus im Simulationssystem realisiert, der diejenigen Modellobjekte bei der grafischen Darstellung ausblendet, die nicht in Blickrichtung des Betrachters liegen und somit zur Übersichtlichkeit des Abbilds komplexerer Modelle beiträgt.

Zur grafischen Darstellung der Roboter und ihrer Umgebung müssen die 3D-Körpervektoren des Geometriemodells in 2D-Vektoren des Bildschirms umgerechnet werden /54, 55, 56, 57/. Dazu sind die auf ein gemeinsames raumfestes Koordinatensystem bezogenen Vektoren jedes Modellkörpers mit einer Transformationsmatrix zu multiplizieren. Ergebnis der Transformation der Raumvektoren sind die Koordinaten ihrer Projektion auf eine Abbildungsfläche. Die Darstellungsfunktionen des Simulationssystems werden innerhalb der Abbildungstransformation durch Parameter berücksichtigt. Die Realisierung der Grafikfunktionen des Simulationssystems läßt sich anschaulich anhand des Modells einer Kamera beschreiben.

Bild 5-13 zeigt die geometrische Definition des Kameramodells, in dem die Koordinaten X_k, Y_k, Z_k das Bezugssystem der Kamera festlegen. Senkrecht zur Z_k-Achse ist die Projektionsfläche der Kamera aufgespannt, auf der die Abbildungstransformation die Bildkoordinaten (X_b, Y_b) der 3D-Modellgeometrie bestimmt. Die Blickrichtung des Betrachters auf diese Projektionsfläche wird entgegen der Z_k-Kamerakoordinatenachse festgelegt. Als Fluchtpunkt der Projektion dient der Punkt (0, 0, Z_0) im Kamerakoordinatensystem.

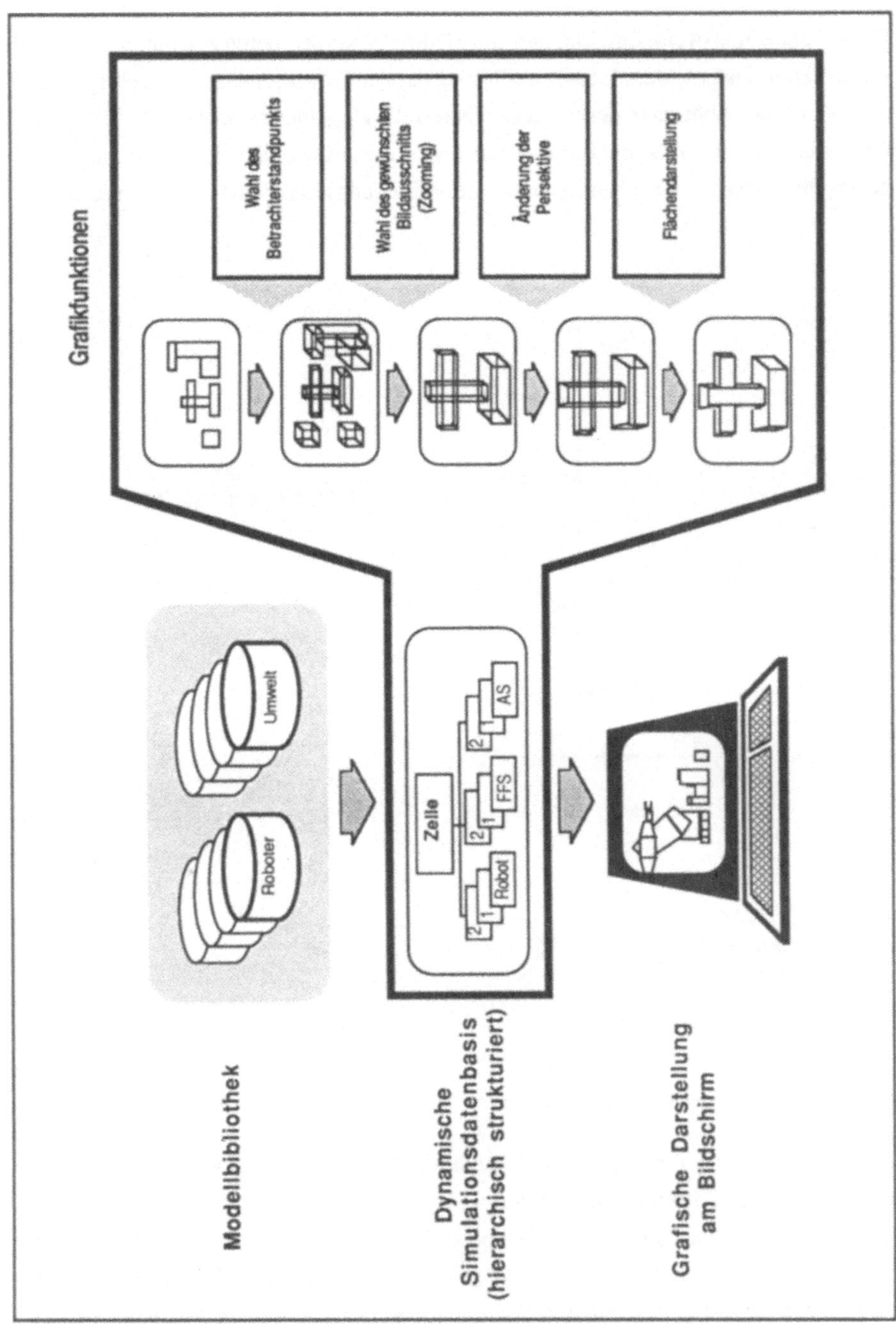

Bild 5-12: Grafikfunktionen mit optimiertem Zugriff auf dynamische Modelldatenbasis

Diese Darstellungsweise bewirkt, daß alle 3D-Modellkörper, deren Z-Komponenten im Kamerakoordinatensystem kleiner als Z_l sind, auf der Projektionsfläche abgebildet, alle anderen bei der Abbildung der Industrieroboterzelle ausgeblendet werden. Mit Hilfe der Grafikfunktionen des Simulationssystems wird dem Anwender die Möglichkeit gegeben, die kameraspezifischen Parameter der Abbildungstransformation zu variieren.

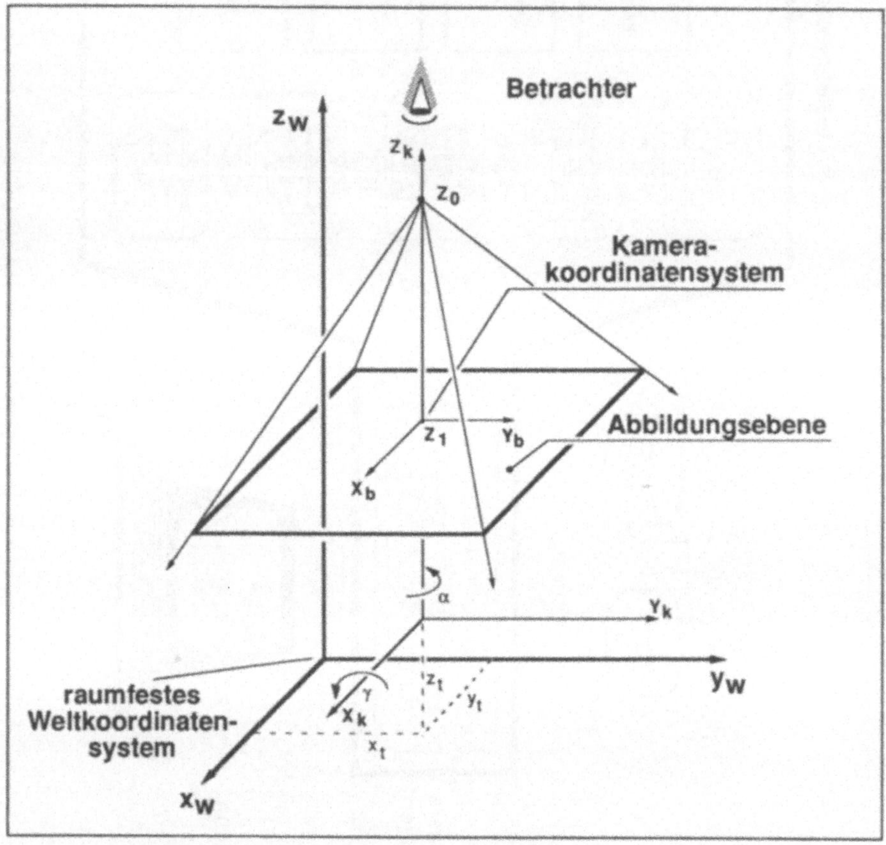

Bild 5-13: Modell der Beobachterkamera (nach /54/)

Eine Verschiebung der gesamten Kamerapyramide auf der Z_k-Achse bewirkt das Eindringen oder Entfernen der Kamera in bzw.von der Fertigungszelle. Die Veränderung der Pyramidenhöhe variiert den perspektivischen Eindruck der Abbildung. Die Festlegung der Blickrichtung in der Industrieroboterarbeitszelle erfolgt durch Darstellungsparameter, die Position und Orientierung der Kamera in Weltkoordinaten definieren. Mit Hilfe der jeweils drei unabhängigen Freiheitsgrade der Translation und der Rotation kann der Anwender beliebig die Position und die Ausrichtung der Kamera im Weltkoordinatensystem variieren.

Diese Abbildungsvorschriften lassen sich mathematisch in Form einer einzigen Koordinatentransformation beschreiben, wenn auch diese Vektortransformationen in homogenen Koordinaten durchgeführt werden /54/. Als Ergebnis der Abbildungstransformation ergeben sich auch die Bildvektoren in homogene Koordinaten und müssen noch in den zweidimensionalen Raum zurücktransformiert werden. Die Parameter der Abbildungsfunktionsmatrix repräsentieren die grafischen Funktionen des Simulationssystems GROSIM. Die Abbildungstransformationsmatrix setzt sich aus mehreren Einzeltransformationen der

- Translation
- Maßstabsumrechnung
- Rotation
- Perspektive

zusammen. Da Matrizenmultiplikationen allgemein nicht kommutativ sind, ist ihre richtige Ausführungsreihenfolge entscheidend.

Die Erläuterung des mathematischen Aufbaus der benötigten Einzeltransformationen kann bei /54/ nachgelesen werden. Entscheidend für die benötigte Rechenleistung solcher Abbildungsmatrizen ist ihre Komplexität. Daher wird für das Simulationssystem GROSIM auf einen Freiheitsgrad der Rotation verzichtet und nur mit zwei rotatorischen Freiheitsgraden zur Plazierung der Abbildungsebene (Bild 5-13) gearbeitet. Diese Einschränkung reduziert einerseits die erforderliche Berechnungszeit für die Abbildung, anderseits stellt sie sicher, das dem Betrachter das Modell in "aufrechter Stellung" dargestellt wird und somit die Orientierung in komplexen Modellen erleichtert.

Entsprechend dieser Beschreibung wird die Transformationsmatrix **TM** im Simulationssystem GROSIM wie folgt aus den Einzeltransformationen zusammengesetzt:

$$\mathbf{TM} = \begin{bmatrix} \text{Transfor -} \\ \text{mations -} \\ \text{matrix der} \\ \text{Translation} \end{bmatrix} \bullet \begin{bmatrix} \text{Maßstabs -} \\ \text{transfor -} \\ \text{mations -} \\ \text{matrix} \end{bmatrix} \bullet \begin{bmatrix} \text{Transfor -} \\ \text{mations -} \\ \text{matrizen der} \\ \text{Rotation} \end{bmatrix} \bullet \begin{bmatrix} \text{Matrix zur} \\ \text{Berechnung der} \\ \text{perspektivischen} \\ \text{Abbildung} \end{bmatrix}$$

Zuerst wird die Verschiebung, dann die Maßstabsumrechnung, danach die Rotationen und zuletzt die perspektivische Abbildung durchgeführt. Damit ergibt sich die gesamte Abbildungstransformationsmatrix zu

$$\mathbf{TM} = \mathbf{T} \bullet \mathbf{S} \bullet \mathbf{R}(\alpha) \bullet \mathbf{R}(\gamma) \bullet \mathbf{PT}$$

Faßt man nun alle Transformationsschritte zusammen, läßt sich jeder Punkt im Weltkoordinatensystem in homogenen Koordinaten durch Multiplikation mit der Transformationsmatrix in die Bildschirmkoordinaten umrechnen. Durch Division der errechneten Bildvektoren durch deren vierte Komponente erfolgt die Rücktransformation der homogenen Koordinaten.

$$\mathbf{TM} = \begin{bmatrix} s\cdot\cos(\alpha) & s\cdot\sin(\alpha)\cdot\cos(\gamma) & 0 & \dfrac{-s\cdot\sin(\alpha)\,\sin(\gamma)}{(Z_0 - Z_1)} \\ -s\,\sin(\alpha) & s\cdot\cos(\alpha)\cdot\cos(\gamma) & 0 & \dfrac{-s\cdot\cos(\alpha)\,\sin(\gamma)}{(Z_0 - Z_1)} \\ 0 & -s\,\sin(\alpha) & 0 & \dfrac{-s\cdot\cos(\gamma)}{(Z_0 - Z_1)} \\ -s\langle X_t\cdot\cos(\alpha) - Y_t\cdot\sin(\alpha)\rangle & -s\langle\sin(\alpha)\cdot\cos(\gamma)\,X_t + \cos(\alpha)\cdot\cos(\gamma)\,Y_t - \sin(\gamma)\,Z_t\rangle & 0 & \dfrac{Z_0 + s\langle\sin(\alpha)\cdot\sin(\gamma)\,X_t + \cos(\alpha)\,\sin(\gamma)\cdot Y_t + \cos(\gamma)\,Z_t\rangle}{(Z_0 - Z_1)} \end{bmatrix}$$

Diese Gesamtabbildungsmatrix eröffnet die Möglichkeit, die grafische Darstellung durch eine einzige Berechnung zu ändern. Wird also die Variation mehrer Parameter erforderlich, entsteht dadurch kein zusätzlicher Rechenaufwand (Bild 5-14).

Durch Bildung der inversen Abbildungsmatrix $\mathbf{TM}^{-1}$ können die Koordinaten eines Punktes aus dem Kamerakoordinatensystem in das raumfeste Weltkoordinatensystem umgerechnet werden. Diese Funktion wird benötigt, um die räumliche Lage des Beobachters im Raum zu ermitteln und alle hinter dem Beobachter liegenden Geometrieobjekte zu erkennen und nicht abzubilden.

Die inverse Abbildungsmatrix wird berechnet mit

$$\mathbf{TM}^{-1} = \mathbf{R}(-\gamma) \cdot \mathbf{R}(-\alpha) \cdot \mathbf{S} \cdot \mathbf{T}$$

$$\mathbf{TM}^{-1} = \begin{bmatrix} \cos\alpha / s & -\sin\alpha / s & 0 & 0 \\ \sin\alpha\cos\gamma / s & \cos\alpha\cos\gamma / s & -\sin\gamma / s & 0 \\ \sin\alpha\sin\gamma / s & \cos\alpha\sin\gamma / s & \cos\beta\cos\gamma & 0 \\ X_t & Y_t & Z_t & 1 \end{bmatrix}$$

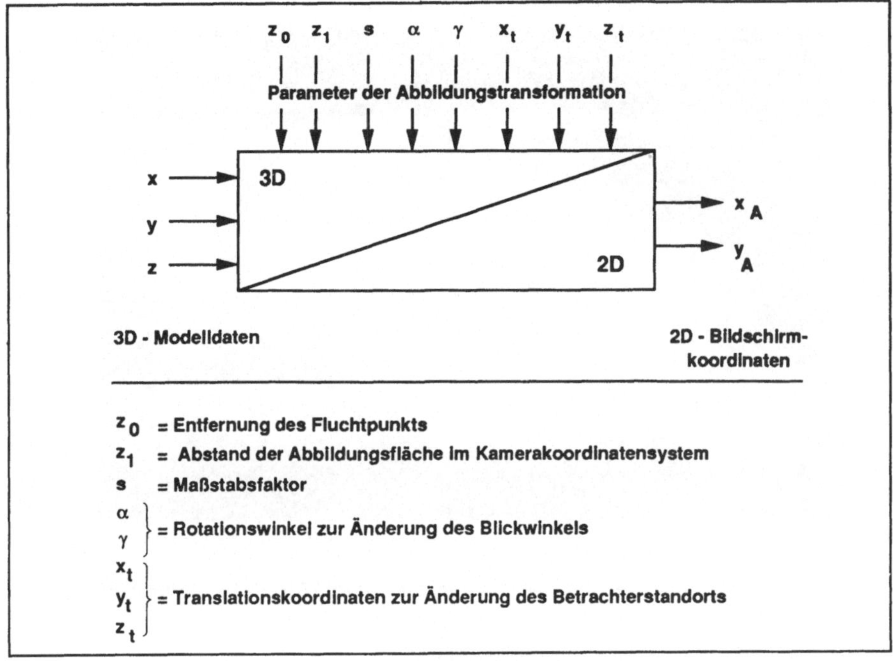

Bild 5-14: Parameter der Abbildungstransformation /54/

5.3.2 Darstellung der Modellgeometrie als Flächenmodell

Neben der Darstellung der Industrieroboterzelle als Drahtmodell, die eine Bewegungssimulation in "quasi Echtzeit" ermöglicht, sind im GROSIM-Simulationssystem Grafikfunktionen implementiert, die eine Darstellung der Modellgeometrie als Flächenmodell /58/ ermöglichen. Das Flächenmodell bietet dem Anwender in Verbindung mit Schattierungsfunktionen einen realistischeren Eindruck von der Roboterzelle und den Peripheriegeräten (Bild 5-15).

Hierzu sind Grafikfunktionen im GROSIM-System implementiert, die

- die primäre Sichtbarkeit von Flächen der Körpergeometrien ermitteln
- die gegenseitige Verdeckung der Flächen entsprechend ihrer räumlichen Anordnung vor der Abbildungsebene der Modellkamera bestimmen
- die Schattierung der Flächen, entsprechend ihrer Lage zu einer fiktiven Lichtquelle durchführen

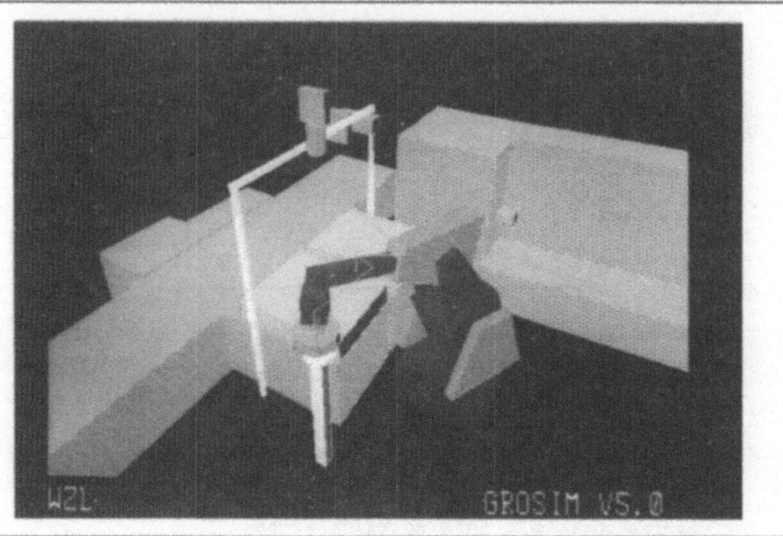

Bild 5-15: Flächenmodell des Integrierten Fertigungs- und Montagesystems (IFMS)

5.3.2.1 Sichtbarkeitsklärung von Modellkörpern

Primär sichtbar sind alle Flächen eines Modellkörpers, die dem Betrachter zugewandt sind, unbeachtet einer möglichen Verdeckung durch benachbarte Modellkörper. Bestimmt wird die primäre Sichtbarkeit einer Fläche mit Hilfe ihrer Normalen und dem normierten Richtungsvektor vom Fußpunkt der Flächennormalen zum Betrachter (Bild 5-16).

Mit Hilfe des Skalarprodukts aus Flächennormalen und Richtungsvektor läßt sich der eingeschlossene Winkel bestimmen.

$$\vec{n} \cdot \vec{v} = |\vec{n}| \cdot |\vec{v}| \cdot \cos(\sphericalangle\, n, v)$$

Liegt der Betrag dieses Winkels innerhalb des Bereichs $0^0 < |\text{Winkel}| < 90^0$ ist die zugehörige ebene Fläche primär sichtbar.

Anschließend muß die gegenseitige Verdeckung der Modellkörper untereinander erkannt und die jeweils sichtbaren Flächenanteile ermittelt werden. Um dabei auf zeitaufwendige Berechnungsverfahren zur Bestimmung der resultierenden Flächenkonturen verzichten zu können, werden alle Flächen nach ihrer Verdeckungsreihenfolge sortiert. Die Flächen können so in aufsteigender Reihenfolge vom Hintergrund, angefangen mit der entferntest liegenden Fläche bis hin zur vordersten, vollständig sichtbaren Fläche des Bildes in den Bildspeicher geschrieben werden. Durch gegenseitige Auslöschung der sich überlagernden Flächeninformation im Grafikbildspeicher erfolgt die einfache Ermittlung der sichtbaren Flächenanteile ohne besonderen Berechnungsaufwand.

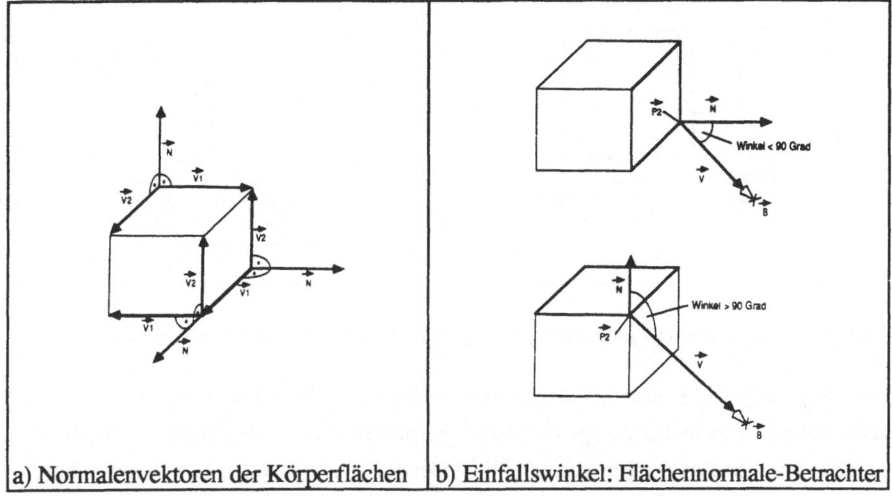

a) Normalenvektoren der Körperflächen | b) Einfallswinkel: Flächennormale-Betrachter

Bild 5-16: Primäre Sichtbarkeit von Modellkörperflächen

Da im GROSIM-System nur einfache Grundkörper mit ebenen Flächen als Modellkörper zugelassen sind, reichen zur Bestimmung der perspektivischen Ordnung der Flächen die Untersuchung nach zwei Kriterien aus, um alle grafischen Konstellationen berücksichtigen zu können.

Zur Feststellung, ob eine Überschneidung der Abbildungskonturen zweier Körper vorliegt, werden zunächst die rechtwinkligen Umgebungsboxen der beiden Körperkonturen auf Überschneidung getestet. Im Fall eines positiven Ergebnisses werden die Abbildungsvektoren der primär sichtbaren Körpereckpunkte daraufhin untersucht, ob sie innerhalb der Abbildungskontur des anderen Körpers liegen (Bild 5-17). Zur Optimierung des Berechnungsverfahrens wird zunächst auch hier die rechwinklige Umgebungsbox zur Überschneidungsprüfung herangezogen. Nur für die Fälle, in denen mit der Umgebungsbox eine Überdeckung vorliegt, wird anschließend die exakte Berandungskontur des Körpers zum Test herangezogen.

Die Unterscheidung, ob ein Körpereckpunkt **P** vor oder hinter der Abbildungskontur eines anderen liegt, erfolgt analog zum Berechnungsverfahren der primären Sichtbarkeit. Mit Hilfe des Skalarprodukts aus Flächennormalen und dem Verbindungsvektor von Fußpunkt der Flächennormalen und Eckpunkt **P** kann entschieden werden, ob **P** vor oder hinter der zugehörigen Fläche des anderen Körpers liegt.

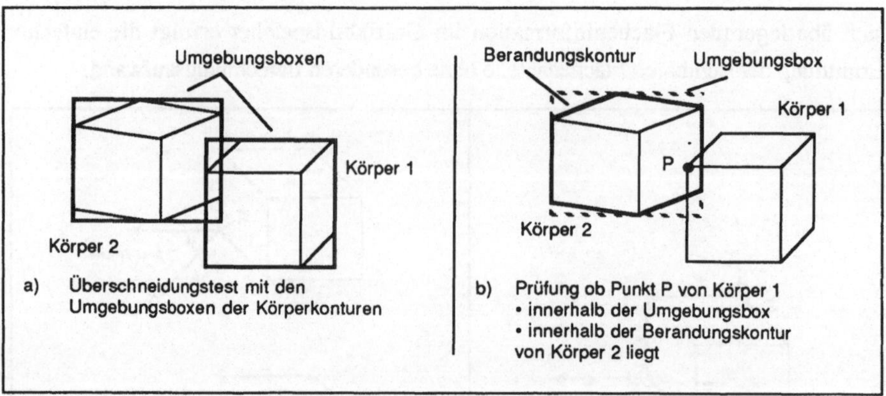

Bild 5-17: Ermittlung der gegenseitigen Überschneidung von Körperkonturen

Für die in Bild 5-18 gezeigte Körperanordnung kann diese Untersuchungsmethode keine perspektivische Rangfolge der Körper ermitteln. Daher werden alle noch offenen perspektivischen Rangfolgen von Modellkörpern in einem zweiten Schritt auf Schnittpunkte ihrer Abbildungskonturen untersucht.

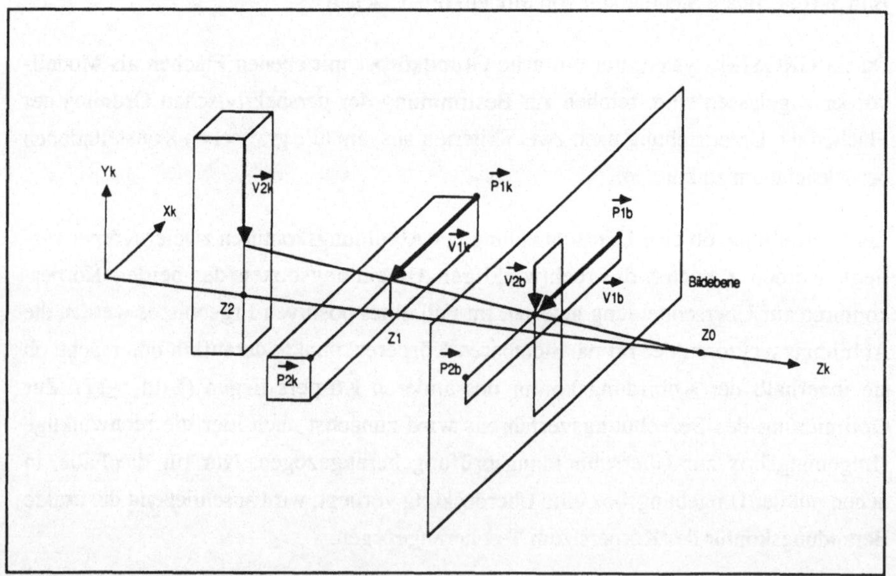

Bild 5-18: Bestimmung von Schnittpunkten der Abbildungskonturen von Körpern zur Klärung der Sichtbarkeit

Hierzu werden die Schnittpunktvektoren V_{b1} und V_{b2} beider Berandungen in ihre dreidimensionalen Originalvektoren V_1 und V_2 im Kamerakoordinatensystem zurücktransformiert. Die Eigenschaft der Perspektivtransformation, Geraden zu Geraden abzubilden, ermöglicht die Bestimmung der fehlenden z_k - Komponenten.

Folgende Beziehung gilt zwischen der Länge des Bildvektors und seinem dreidimensionalen Originalvektor /52/:

$$a = [b \cdot pT_e] \ / \ [(1-b) \cdot pT_a + b \cdot pT_e]$$

mit $a = \left[\left|\vec{V}_{1k}\right|\right] / \left[\left|\vec{P}_{2k} - \vec{P}_{1k}\right|\right]$, der bezogenen Länge des 3D-Orginalvektors

$b = \left[\left|\vec{V}_{1b}\right|\right] / \left[\left|\vec{P}_{2b} - \vec{P}_{1b}\right|\right]$, der bezogenen Länge des Schnittpunktvektors

pT_e, der perspektivischen Tiefe des Vektors P_{2k}
pT_a, der perspektivischen Tiefe des Vektors P_{1k}
Die Indizes k und b stehen für Kamera- bzw. Bildschirmkoordinatensystem

Mit Hilfe der 3D-Vektoren V_{1k} und V_{2k} können die Punkte der Modellkörper bestimmt werden, deren Abbildungen auf den Konturschnittpunkt fallen. Der Vergleich ihrer z_k - Komponenten ermöglicht die Sortierung der zugehörigen Modellkörper nach der perspektivischen Tiefe.

Liefert auch dieses Vergleichskriterium keine Aussage über die gegenseitige Verdeckung der Modellkörper auf der Abbildungsebene, so überlagern sich die Abbildungskonturen beider Modellkörper nicht.

5.3.2.2 Schattierungsfunktion

Zur realitätsnäheren Darstellung und zur Abgrenzung gleichfarbiger Körperflächen werden die Flächenmodelle im GROSIM-System schattiert am Grafikbildschirm dargestellt. Hierzu wird eine fiktive Lichtquelle zur "Ausleuchtung" der Modellzelle definiert. Je nach relativer Lage der Körperflächen zu dieser Lichtquelle werden Helligkeitsattribute zugeordnet (Bild 5-19). Zur Reduzierung des Berechnungsaufwands wird angenommen, daß die Körper selbst keine Schatten werfen.

Da preiswerte PC-Grafikhardware keine Look-up-Table zur Festlegung einer Farbpalette zur Verfügung stellen, wird eine Helligkeitsabstufung durch Überlagerung unterschiedlich dichter Punktmuster erreicht. In Abhängigkeit des Einfallswinkels der Lichtstrahlen auf den Flächen werden die Punktraster in drei Abstufungen den Körperflächen zugeordnet.

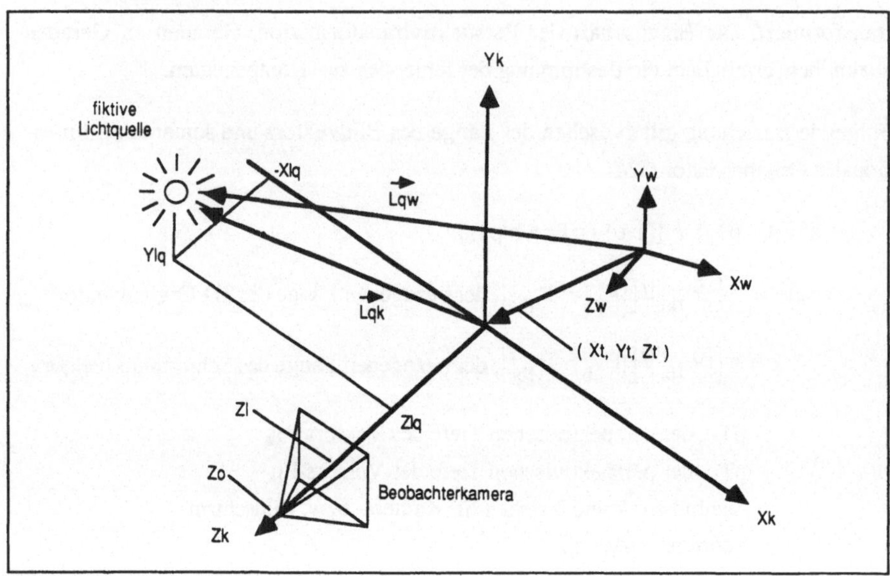

Bild 5-19: Fiktive Lichtquelle zur Bestimmung der Schattierung

5.3.3 Stereografik zur dreidimensionalen Darstellung

Ziel des Programmtests ist die Entwicklung kollisionsfreier, ausführbarer Roboterprogramme. Zur Verbesserung der visuellen Kollisionserkennung am Grafikbildschirm enthält das GROSIM-System Funktionen zur echten dreidimensionalen Darstellung. Durch Berechnung von zwei, um den Augenabstand des Betrachters verschobenen, Abbildungen der Modellgeometrie werden die notwendigen Bildinformationen für das dreidimensionale Sehen ermittelt. Eine weitere Voraussetzung für das stereoskopische Sehen der Industrieroboterzelle ist, daß die eine Bildinformation nur dem einen, die zweite Bildinformation nur dem anderen Auge des Betrachters zugeführt wird.

Die Berechnung der beiden um den Winkel φ verdrehten Abbildungen erfolgt in Abhängigkeit vom Augenabstand A und dem Abstand Z zwischem dem wahrnehmbaren Objekt und dem Betrachter (Bild 5-20). Der notwendige Winkel φ ergibt sich aus:

$$\varphi = 2 \cdot \arctan \frac{A/2}{Z}$$

Wird das Objekt in Parallelprojektion am Grafikbildschirm dargestellt, so kann die Entfernung wahrnehmbares Objekt - Bildschirm unberücksichtigt bleiben, da keine perspektivische Verzerrung des Objekts auftritt. Dann läßt sich der Winkel φ aus

$$\varphi = 2 \cdot \arctan \frac{A/2}{D}$$

errechnen und ist damit nur noch abhängig vom Augenabstand A und dem Abstand Bildschirm - Betrachter D (Bild 5-20). Soll ein Robotermodell so stereoskopisch abgebildet werden, so ist bei einem Abstand vom Bildschirm von D = 60 cm und einem Augenabstand des Betrachters von A = 6,25 cm eine Verdrehung der beiden Abbildungen von $\varphi = 6^{o}$ erforderlich.

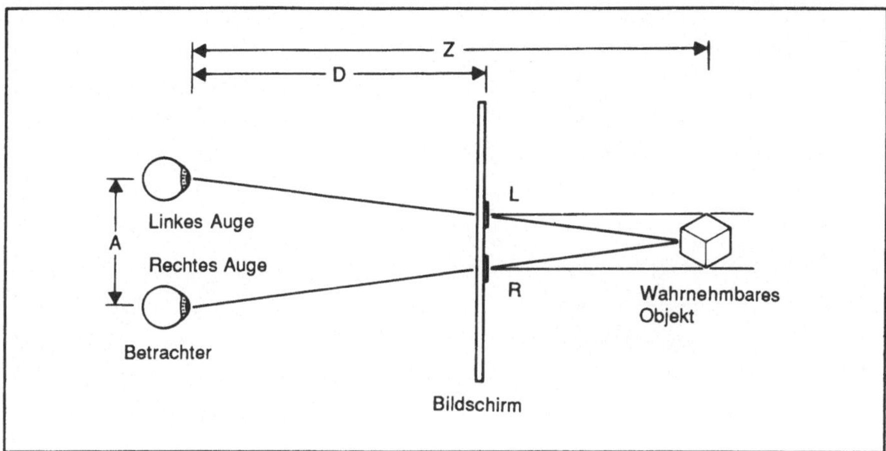

Bild 5-20: Dreidimensionale Abbildung von Modellen am Grafikbildschirm /59/

Einige Hersteller von Hochleistungsgrafikworkstations bieten hierzu kostenaufwendige Zusatzhardware an, die mit Hilfe eines Controllers einen Polarisationsfilter vor dem Grafikbildschirm umschaltet. Durch abwechselndes synchronisiertes Darstellen beider Abbildungsinformationen kann der Betrachter mit Hilfe einer Polarisationsbrille dreidimensionale Bilder sehen /59,60/.

Unter Verzicht auf die Farbinformation werden im GROSIM-System stereoskopische Bilder auf preiswerter PC-Grafikhardware ermöglicht. Hierzu wird eine Roboterzelle gleichzeitig in roter und grüner Modellansicht auf dem Grafikbildschirm dargestellt (Bild 5-21). Durch Nutzung einer Brille mit grünem bzw. rotem Filter, erhält das Auge des Betrachters jeweils nur die andersfarbige Bildinformation. Da zwei Abbildungen pro Darstellung berechnet werden müssen, reduziert sich für diese Darstellungsart die erreichbare Bildfolgefrequenz des GROSIM-Systems auf etwa die Hälfte.

Mit Hilfe dieser Funktion bietet das GROSIM-System dem Anwender eine wesentlich effizientere Testhilfe zur visuellen Kollisionskontrolle als die mit den bisher vorgestellten Grafikfunktionen möglich ist. Ohne den erheblich größeren Rechenaufwand zur Flächenmodelldarstellung kann der Betrachter erkennen welche Modellkomponente vor der anderen oder welches Modellelement in ein anderes eindringt. Selbst bei stehendem

Bild wird nun trotz Drahtmodelldarstellung die Entscheidung leicht welche Körper vorne bzw. hinten stehen.

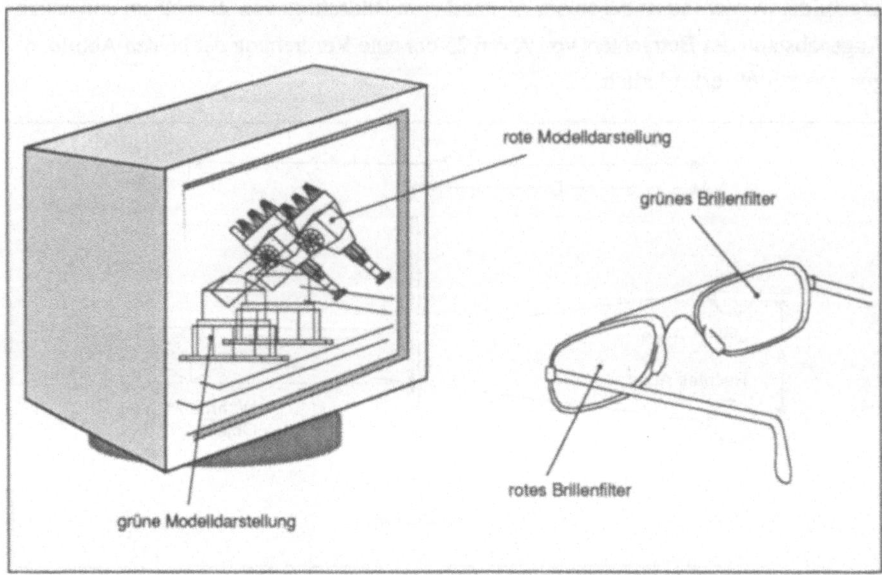

Bild 5-21: Rot /grün - Stereografik zur dreidimensionalen Darstellung von Modellen im GROSIM -System (hier nur systematische Darstellung möglich)

5.3.4 Displayliste zur Abbildung der geometrischen Modelldaten

Basis für die grafische Darstellung der Industrieroboterzelle am Bildschirm sind die dreidimensionalen Geometriedaten aller Modellkörper. Um eine Simulation von Bewegungen und Handhabungsfunktionen des Industrieroboters in "quasi Echtzeit" auf PC-Hardware zu ermöglichen, kommt es auf eine zeitoptimierte Implementierung der Grafikfunktionen und der zugehörigen Zugriffsmechanismen auf die Modelldatenbasis an.

Zur Berechnung der grafischen Darstellung ist in die baumorientierte Modelldatenbasis des Simulationssystems GROSIM zusätzlich eine lineare Displaylistenstruktur mit körper- und flächenorientierter Abbildungsverzeigerung integriert. Sie ermöglicht den zeitoptimierten Zugriff auf die 3D - Geometrie der 4. Ebene der Modelldatenbasis (Bild 5-3). Geichzeitig dient sie zum selektiven Zugriff auf ganze Modellteilstrukturen und als Zwischenspeicher für die 2D-Abbildungsdaten, wodurch eine Verringerung des Rechenaufwands während der Bewegungssimulation möglich ist (Bild 5-22).

Nur die Abbildungskoordinaten bewegter Geometrieobjekte der Displayliste werden neu bestimmt. Auf diese Weise können auf Basis der PC-Hardware dreidimensionale Be-

wegungen im Raum je nach Komplexität des Geometriemodells mit einer Bildfolgefrequenz von 0,3 - 1 / Sekunde dargestellt werden.

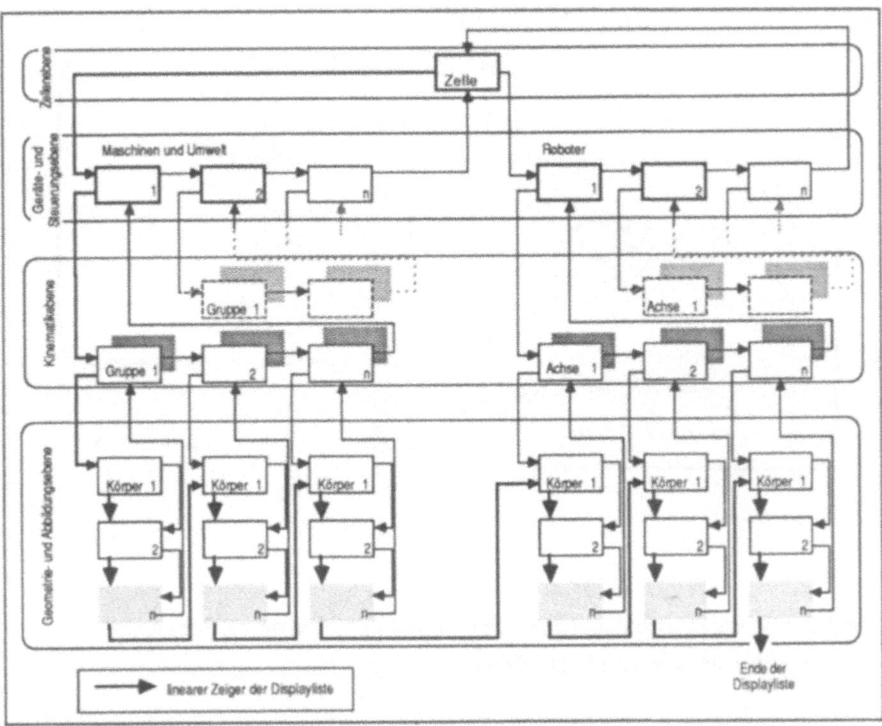

Bild 5-22: Integration der linearen Displayliste in die hierachische Modelldatenbasis

5.4 Funktionen zur Simulation von Bewegungs- und Handhabungsoperationen von Industrierobotern

5.4.1 Darstellung von Bewegungsvorgängen

Zur grafischen Darstellung der Roboterbewegung am Bildschirm wird jeder Bewegungsvorgang, je nach eingestellten Geschwindigkeitsparametern und Zeitraster, in eine dynamische Folge von Teilbewegungen aufgelöst. Für jeden Bewegungsschritt wird ein aktuelles Abbild der räumlichen Stellung der bewegten Modelle berechnet und am Grafikbildschirm ausgegeben. Um nur die reine Objektbewegung visuell wahrzunehmen, erfolgt die grafische Darstellung mit Hilfe von zwei Bildseiten des Grafiksystems (Bild 5-23).

Der Bildaufbau erfolgt verdeckt in dem jeweils nicht sichtbaren Bildspeicherbereich des Grafiksystems, während der Inhalt der sichtbaren Bildseite am Bildschirm dargestellt wird. Durch abwechselndes Beschreiben beider Bildspeicherbereiche mit Modelldaten und zyklisches umschalten der Bildseiten, werden Bewegungsvorgänge am Grafikbildschirm sichtbar.

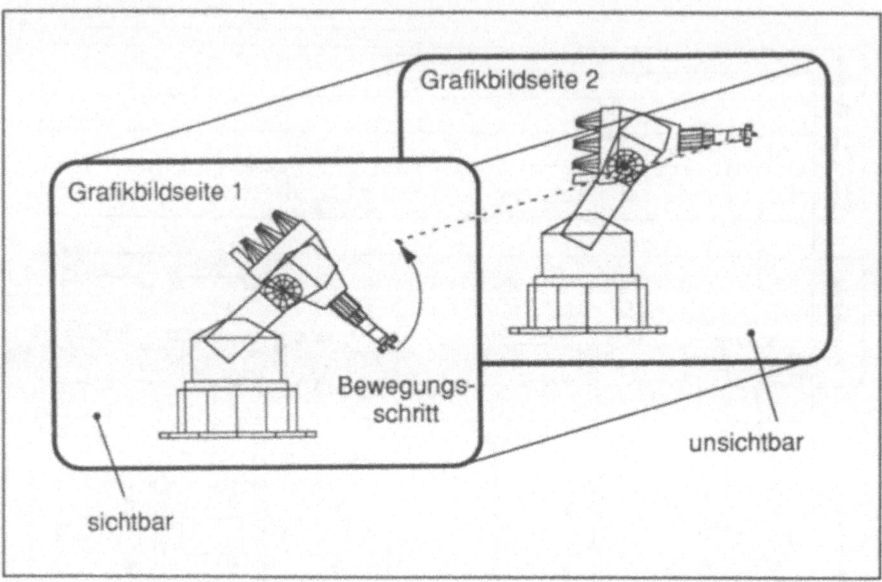

Bild 5-23: Bewegungsdarstellung auf dem Grafikbildschirm durch Umschalten von Speicherseiten im Grafiksystem

5.4.2 Mathematische Beschreibung der Plazierung und Bewegung von Robotern im Simulationsmodell

Im Simulationssystem GROSIM wird die Plazierung von Maschinen und Geräten durch Definition eines 3D-Verschiebevektors im Modellbasiskoordinatensystem und der Orientierung des Maschinenbezugssystems im Raum festgelegt. Die Orientierung wird mit drei Rotationswinkeln um die Z-, Y-, X-Koordinatenachsen festgelegt. Die drei Rotationswinkel α, β, γ beschreiben die mathematisch positiven Verdrehungen um die zugehörenden Koordinatenachsen z, y und x (Bild 5-24).

Mathematisch beschrieben wird dieser Zusammenhang mit einer 4x4-Transformationsmatrix **A**, mit der Punkte aus dem lokalen Koordinatensystem in das Bezugssystem umrechnet werden. Anwendbar ist die Transformationsmatrix **A**, wenn die Modelldaten in homogenen Koordinaten vorliegen. Hierzu sind die drei Raumkoordinaten um eine 4. Dimension zu erweitern. Damit lassen sich die dreidimensionalen Raumkoordinaten als Projektion aus dem vierdimensionalen Raum interpretieren.

$$\bar{P}_A = A \cdot \bar{P}_L$$

$$\begin{bmatrix} x_A \\ y_A \\ z_A \\ 1 \end{bmatrix} = \begin{bmatrix} \cos\alpha\cos\beta & -\sin\alpha\cos\beta & \sin\beta & x_T \\ \cos\alpha\sin\beta\sin\gamma + \sin\alpha\cos\gamma & -\sin\alpha\sin\beta\sin\gamma + \cos\alpha\cos\gamma & -\cos\beta\sin\gamma & y_T \\ -\cos\alpha\sin\beta\sin\gamma + \sin\alpha\sin\gamma & \sin\alpha\sin\beta\cos\gamma + \cos\alpha\sin\gamma & \cos\beta\cos\gamma & z_T \\ 0 & 0 & 0 & 1 \end{bmatrix} \cdot \begin{bmatrix} x_L \\ y_L \\ z_L \\ 1 \end{bmatrix}$$

mit P_A : Punkt im Referenzkoordinatensystem

P_L : Punkt im körperfesten Bezugskoordinatensystem

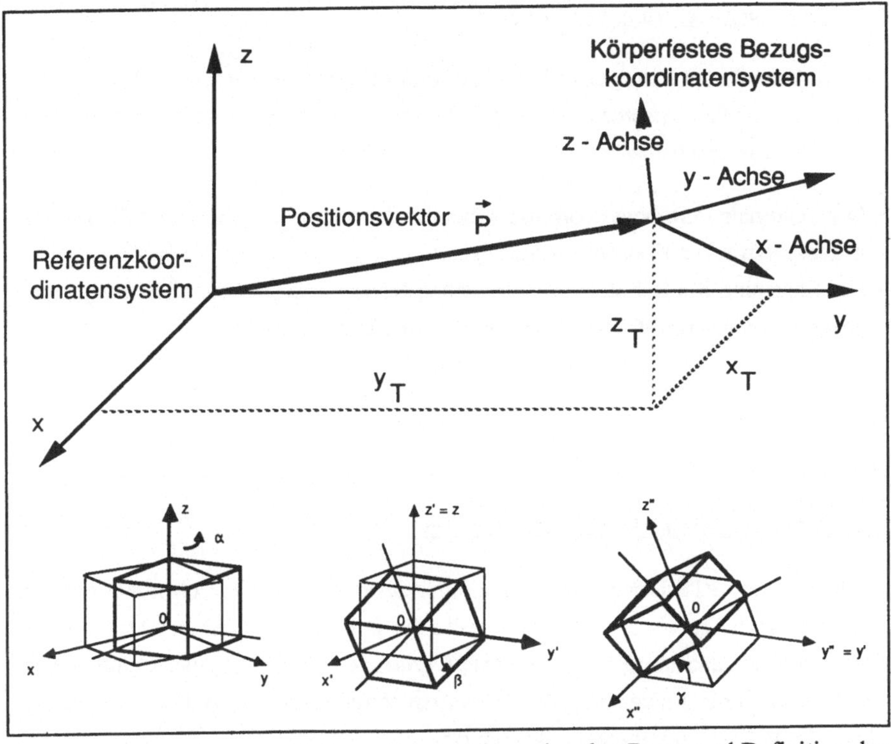

Bild 5-24: Anordnung von Körpern im dreidimensionalen Raum und Definition der Orientierungswinkel

Entsprechend den Regeln für homogene Koordinaten wird ein Punkt in dreidimensionalen Koordinaten (x,y,z) in homogene Koordinaten (wx,wy,wz,w) transformiert, indem die vierte Komponente ergänzt wird. Umgekehrt können die homogenen Koordinaten (a,b,c,d) in dreidimensionale Koordinaten (a/d,b/d,c/d) durch Division der ersten drei homogenen Komponenten durch die vierte zurücktransformiert werden. Ohne Einschränkung der Allgemeinheit kann w=1 gesetzt werden. Alle dreidimensionalen Vektoren werden daher in der Modelldatenstruktur des GROSIM-Systems um die konstante vierte Komponente w=1 erweitert.

Bewegungen von Achsen werden als zusätzliche Rotation oder Translation im lokalen Koordinatensystem beschrieben. Zur Vereinfachung des Simulationsmodells ist weiterhin vereinbart, daß Dreh- bzw. Schubbewegungen nur um die bzw. entlang der Z-Achse des lokalen Koordinatensystems durchgeführt werden. Darüber hinaus wird pro Achse nur ein Freiheitsgrad der Bewegung zugelassen. Gelenke mit mehreren Freiheitsgraden (z.B.: Kugelgelenk mit 3 Freiheitsgraden der Bewegung) lassen sich dennoch durch Kopplung mehrerer Achsen in einer kinematischen Kette abbilden.

5.4.3 Bewegungssteuerung von Robotern

Die programmierten Bewegungsabläufe des Industrieroboters werden von Bewegungssteuerungsmodulen entsprechend der definierten Bewegungsart ausgeführt. Hierbei ist allgemein zu unterscheiden zwischen zwei Betriebsarten:

- Der Bewegung in Roboterkoordinaten, bei der die benötigten Daten einer Zielstellung in achsspezifischen Koordinaten vorliegen.
- Der Steuerung des Roboters in kartesischen Koordinaten, bei der alle Bewegungen bezogen auf den Tool-Center-Point (TCP) ausgeführt werden.

Entsprechend der gewählten Bewegungsart (Punkt zu Punkt (PTP), Linear und Zirkular) wird die Robotermechanik von der Steuerung aus ihrer Iststellung in ihre Sollstellung bewegt.

5.4.3.1 Achsspezifische Bewegungssteuerung

Liegen für eine PTP-Bewegung die Zielpunktdaten in achsspezifischen Koordinaten vor, so kann die zu verfahrende Wegstrecke für jede Achse direkt aus der Differenz zwischen Ziel- und Iststellung berechnet werden. Die Lage des Tool Center Points (TCP) kann durch Anwendung der Vorwärtsrechnung über alle Achskoordinatensysteme des Roboters bestimmt werden (Bild 5-25).

Die Vorwärtsrechnung entspricht dabei einer Addition der aktuellen Achsabstandsvektoren ausgehend vom Basiskoordinatensystem im Sockel des Roboters bis hin zum TCP (Bild 5-4) /27/.

Im Simulationssystem GROSIM wird die Vorwärtsrechnung mit den Transformationsparametern des Kinematikmodells durchgeführt (Bild 5-26). Die Lage des TCP in Roboterbasiskoordinaten ergibt sich aus der Anwendung der Vorwärtsrechnung über die gesamte kinematische Kette.

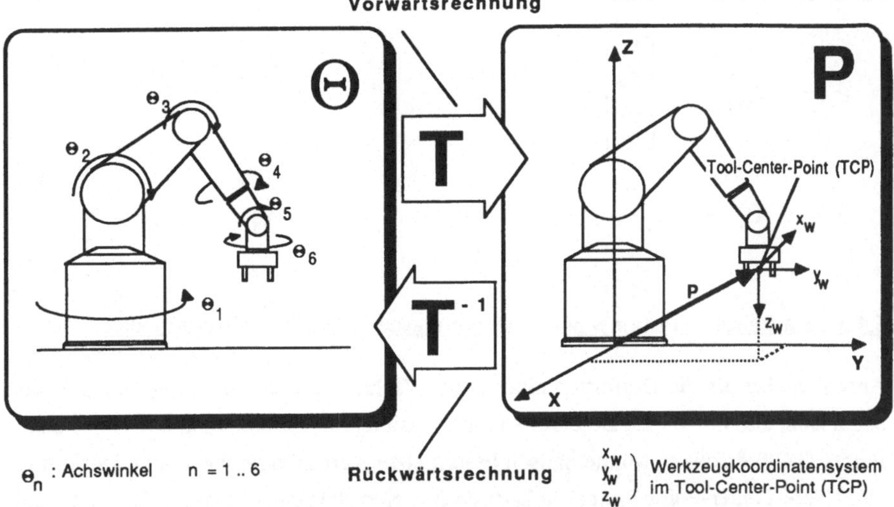

Bild 5-25: Umrechnung achsspezifischer und kartesischer Zielpunktdaten /27/

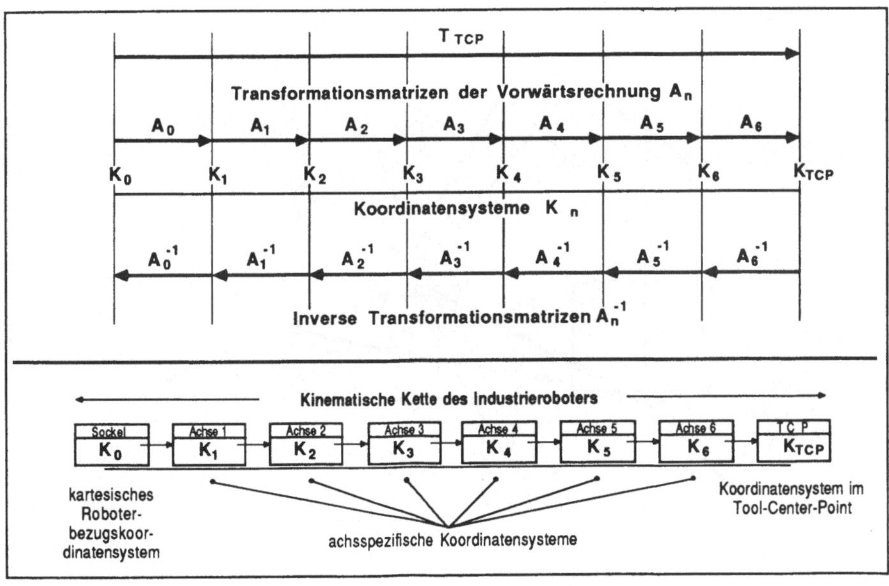

Bild 5-26: Transformationsgraph für Vorwärts- und Rückwärtsrechnung

Für einen 6-achsigen Industrieroboter gilt:

$$\vec{P} = T_{TCP} \cdot \begin{bmatrix} x_w \\ y_w \\ z_w \\ 1 \end{bmatrix}$$

$$\vec{P} = A_0 \cdot A_1 \cdot A_2 \cdot A_3 \cdot A_4 \cdot A_5 \cdot A_6 \cdot \begin{bmatrix} x_w \\ y_w \\ z_w \\ 1 \end{bmatrix}$$

5.4.3.2 Kartesische Positions- und Orientierungsdefinition für Industrieroboter

Anschaulicher als die Definition eines neuen Zielpunkts in achsspezifischen Koordinaten kann dies durch eine Beschreibung der Position und Orientierung des Tool Center Points (TCP) erfolgen. Mathematisch beschrieben werden kann dies durch Definition eines Tool-Center-Point-Frames in kartesischen Koordinaten (Bild 5-27). Die Lage und die Orientierung dieses Frames kann mit einer 4x4-Transformationsmatrix **T** definiert werden, die die lokalen Frame-Vektoren des TCP-Koordinatensystems im Bezugskoordinatensystem des Roboters ausdrückt.

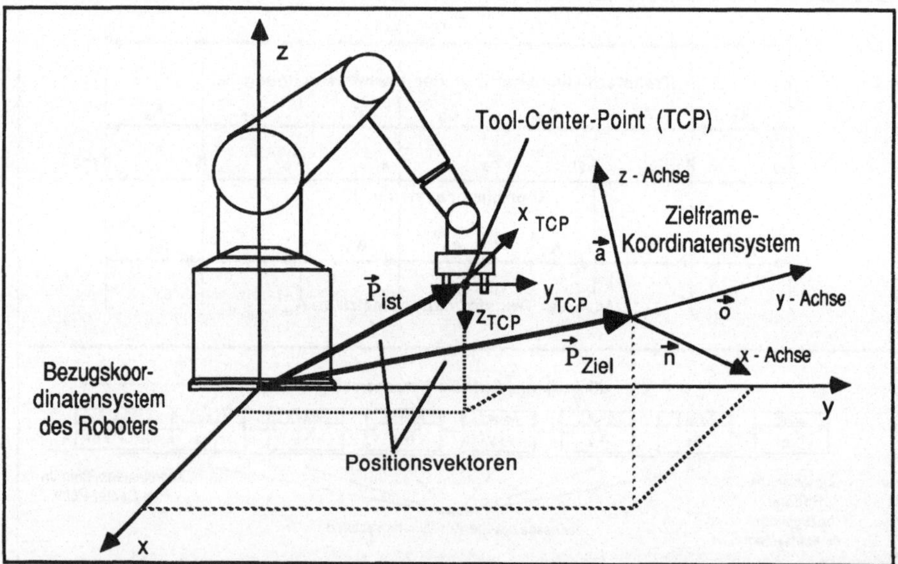

Bild 5-27: Kartesische Zielpunktbeschreibung mit Frame

Die Transformationsmatrix **T** ist das Produkt einer Positionsmatrix **P** mit dem Positionsvektor $\vec{P}$ und einer Orientierungsmatrix **R** mit den Einheitsvektoren der Orientierung $\vec{n}$, $\vec{o}$ und $\vec{a}$

$$\begin{bmatrix} & T & \end{bmatrix} = \begin{bmatrix} & P & \end{bmatrix} \cdot \begin{bmatrix} & R & \end{bmatrix}$$

$$\begin{bmatrix} & T & \end{bmatrix} = \begin{bmatrix} 1 & 0 & 0 & p_x \\ 0 & 1 & 0 & p_y \\ 0 & 0 & 1 & p_z \\ 0 & 0 & 0 & 1 \end{bmatrix} \cdot \begin{bmatrix} n_x & o_x & a_x & 0 \\ n_y & o_y & a_y & 0 \\ n_z & o_z & a_z & 0 \\ 0 & 0 & 0 & 1 \end{bmatrix}$$

Durch Definition von Frames lassen sich in grafischen Simulationssystemen auf anschauliche Weise Zielstellungen des TCP's von Industrierobotern spezifizieren bzw. vorhandene modifizieren. Eine einheitliche Vereinbarung zur Bearbeitung der TCP-Orientierung des Industrieroboters in Anwendungsprogrammen jedoch existiert nicht /51/. Im Simulationssystem GROSIM werden daher die kartesischen Orientierungsdaten des TCP der Anwendungsprogramme steuerungsunabhängig mit der jeweils erforderlichen Orientierungsdefinition verarbeitet.

Innerhalb der Modelldaten des GROSIM-Systems wird die Lage des Tool-Center-Points der Industrieroboter durch die vier Vektoren des Zielframes repräsentiert, die bei allen Bewegungen des Roboters automatisch aktualisiert werden. Die nachfolgenden Orientierungsmatrizen **R** liefern die erforderlichen Umrechnungsvorschriften für die verschiedenen kartesischen Orientierungsbeschreibungen.

a) Richtungscosinus

Bei diesem Verfahren werden die Elemente der Matrix **R** unmittelbar aus dem Cosinus des eingeschlossenen Winkels zwischen den Framekoordinatenachsen und den Roboterbezugskoordinatenachsen berechnet. Es treten insgesamt neun Winkel zwischen den X, Y, Z-Achsen und den x_{TCP}, y_{TCP}, z_{TCP}-Achsen auf.

Damit ergibt sich die Orientierungsmatrix **R** :

$$[\mathbf{R}] = \begin{bmatrix} \cos(x - x_{TCP}) & \cos(x - y_{TCP}) & \cos(x - z_{TCP}) \\ \cos(y - x_{TCP}) & \cos(y - y_{TCP}) & \cos(y - z_{TCP}) \\ \cos(z - x_{TCP}) & \cos(z - y_{TCP}) & \cos(z - z_{TCP}) \end{bmatrix}$$ /63/

b) Drehung um Koordinatenachsen

Die Orientierungsmatrix eines Objekts kann durch 3 Drehwinkel $(\varphi_1, \varphi_2, \varphi_3)$ um die drei Koordinatenachsen entwickelt werden. Bei Festlegung der Reihenfolge der Drehungen besteht prinzipielle Wahlfreiheit (Tab 5-1). Unter Beachtung der Randbedingung, daß jede beliebige räumliche Orientierung abbildbar sein muß, ergeben sich 12 mögliche unabhängige Winkeldrehungsreihenfolgen, die eine Orientierung im Raum beschreiben können.

3. Drehung um die Koordinatenachse:	2.	1.	beliebige Orientierungen abbildbar	Name	Anwendung in Robotersteuerung
φ_3	φ_2	φ_1			
x	x	x	—		
x	x	y	—		
x	x	z	—		
x	y	x	+		
x	y	y	—		
x	y	z	+	Nautische Winkel	Sirotec RCM (Siemens)
x	z	x	+		
x	z	y	+		
x	z	z	—		
y	x	x	—		
y	x	y	+		
y	x	z	+		
y	y	x	—		
y	y	y	—		
y	y	z	—		
y	z	x	+		
y	z	y	+		
y	z	z	—		
z	x	x	—		
z	x	y	+		
z	x	z	+		
z	y	x	+	Kardanische Winkel	MPS 085 (Cloos)
z	y	y	—		
z	y	z	+	Eulerwinkel	Mark 3 (Unimation)
z	z	x	—		
z	z	y	—		
z	z	z	—		
			+ abbildbar — nicht abbildbar		

Tabelle 5-1: Orientierungsbeschreibung durch Drehungen um Koordinatenachsen

Jeweils 6 Möglichkeiten zur Orientierungsbeschreibung entstehen durch Drehung um alle 3 Koordinatenachsen bzw. zweifache Drehung um eine Koordinatenachse mit eingeschlossener Drehung um eine weitere Koordinatenachse. Alle übrigen Möglichkeiten entfallen, da sie zwei direkt aufeinanderfolgende Drehungen um dieselbe Koordinatenachse enthalten und damit die Beschreibung aller Orientierungen im Raum unmöglich wird.

Für nautische Winkel z.B. ergibt sich damit die Orientierungsmatrix **R** :

$$[\mathbf{R}] = \begin{bmatrix} \cos\alpha\cos\beta & -\sin\alpha\cos\beta & \sin\beta \\ \cos\alpha\sin\beta\sin\gamma + \sin\alpha\cos\gamma & -\sin\alpha\sin\beta\sin\gamma + \cos\alpha\cos\gamma & -\cos\beta\sin\gamma \\ -\cos\alpha\sin\beta\sin\gamma + \sin\alpha\sin\gamma & \sin\alpha\sin\beta\cos\gamma + \cos\alpha\sin\gamma & \cos\beta\cos\gamma \end{bmatrix}$$

/63/

In Tab. 5-1 sind für einige Drehreihenfolgen beispielhaft Robotersteuerungen benannt, welche die entsprechende Orientierungsdefinition zur Beschreibung der kartesischen Roboterstellung verwenden.

c) Quaternionen

In der ASEA-Industrierobotersteuerung werden zur Orientierungsbeschreibung neben Euler-Winkeln (Tab. 5-1) auch Quaternionen benutzt. Bei Quaternionen handelt es sich um einen verallgemeinerten Begriff der komplexen Zahlen /61/. Sie sind Linearkombinationen der vier Basiselemente 1,i,j,k mit reellen Koeffizienten.

In der Quaternion $q = a_0 + a_1 \cdot i + a_2 \cdot j + a_3 \cdot k$ heißt
a_0 Skalarteil und
$a_1 \cdot i + a_2 \cdot j + a_3 \cdot k$ Vektorteil.

Die Vektorteile einer Quaternion kann man mit den Vektoren des dreidimensionalen Vektorraumes identifizieren. Aus der Multiplikation zweier Vektorteile ergibt sich wieder eine Quaternion, deren Skalarteil gleich dem negativen Skalarprodukt und deren Vektorteil gleich dem Vektorprodukt ist. Infolgedessen eignet sich die Quaternion dazu, Drehungen um einen festen Punkt im dreidimensionalen Raum zu beschreiben /62,63/. Anschaulich läßt sich die Orientierungsbeschreibung mit Quaternionen als mathematisch positive Drehung eines Koordinatensystems um eine durch den Ursprung gehende Achse g mit dem Winkel δ deuten (Bild 5-28). Die Lage der Achse g wird mit dem Richtungscosinus

$$\cos(\sphericalangle g_1, g) = n_x$$
$$\cos(\sphericalangle g_2, g) = n_y$$
$$\cos(\sphericalangle g_3, g) = n_z$$

angegeben.

Die Elemente der Orientierungsmatrix **R** ergeben sich zu

$$\mathbf{R} = \begin{bmatrix} \cos\delta + n_x^2\cdot(1-\cos\delta) & n_z\cdot\sin\delta + n_x\, n_y(1-\cos\delta) & -n_y\cdot\sin\delta + n_x\cdot n_z(1-\cos\delta) \\ -n_z\cdot\sin\delta + n_x\cdot n_y(1-\cos\delta) & \cos\delta + n_y^2\cdot(1-\cos\delta) & n_x\cdot\sin\delta + n_x\cdot n_z(1-\cos\delta) \\ n_y\cdot\sin\delta + n_z\cdot n_x(1-\cos\delta) & -n_x\cdot\sin\delta + n_z\cdot n_y(1-\cos\delta) & \cos\delta + n_x^2\cdot(1-\cos\delta) \end{bmatrix}$$

/64/

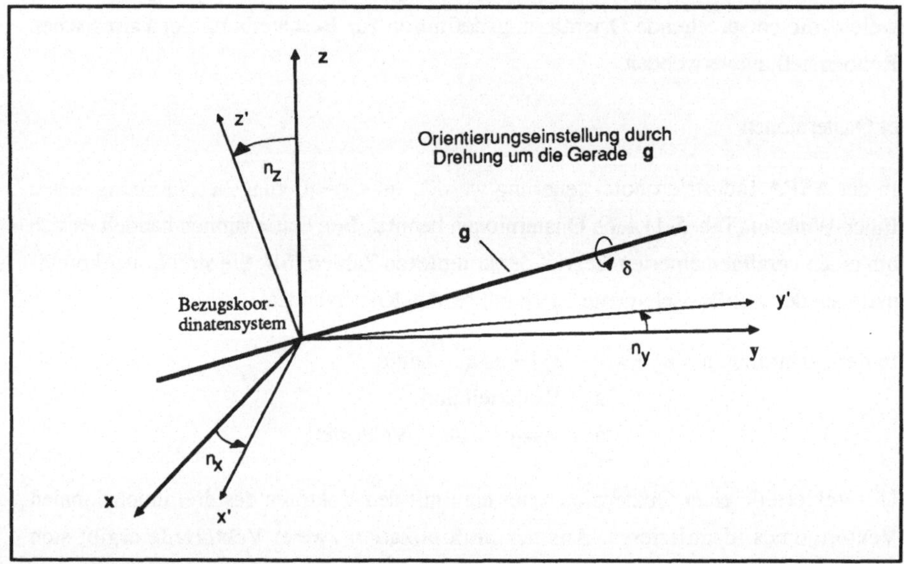

Bild 5-28: Definition der Orientierungswinkel /63/

Die Positions- und Orientierungsbeschreibung mit Quaternionen erfolgt in der ASEA-Steuerung mit dem Frame

$$P = (x, y, z, a_0, a_1, a_2, a_3) \quad ,$$

wobei die Werte x, y, z die Position des TCP beschreiben und a_0 - a_3 die Koeffizienten die Basiselemente einer Quaternion repräsentieren. Die Werte der Quaternionkoeffizienten a_1 - a_3 liegen immer zwischen -1 und 1. Der Wertebereich von a_0 liegt zwischen 0 und 1 /64/.

Der Zusammenhang zwischen dem Orientierungsvektor $\vec{n}$ und dem Drehwinkel δ wird beschrieben mit den Gleichungen

$$a_0 = \cos\frac{\delta}{2}$$
$$a_1 = n_x \cdot \sin\frac{\delta}{2}$$
$$a_2 = n_y \cdot \sin\frac{\delta}{2}$$
$$a_3 = n_z \cdot \sin\frac{\delta}{2}$$
/64/.

5.4.4 Simulation der Bewegungssteuerung

Zur programmierten Bewegung von Industrierobotern werden im allgemeinen verschiedene Steuerungsfunktionen eingesetzt (vgl. Kap. 2.1.1). Sie unterscheiden sich prinzipiell durch ihre Ausrichtung auf die

- Zielstellung (bei Point-to-Point-Operationen)
- Bahn (bei Linear- und Zirkularinterpolation).

Dementsprechend werden diese Steuerungsfunktionen in der Industrierobotersteuerung von unterschiedlichen Softwaremoduln ausgeführt. Diese unterschiedlichen Steuerungsfunktionen sind auch im Rahmen des Simulationssystems zu realisieren. Zur Sicherstellung einer realitätsnahen Simulation ist dabei das Geschwindigkeits- und Beschleunigungsverhalten der Roboterachsen und deren achsspezifische Begrenzungen zu berücksichtigen.

5.4.4.1 Simulation der Point-to-Point-Bewegungsoperation (PTP)

Zu unterscheiden sind einfaches Point-to-Point- und synchro Point-to-Point-Bewegungsverhalten. Während beim einfachen PTP alle Achsbewegungen mit der achsspezifisch programmierten Geschwindigkeit ausgeführt werden, erfolgt bei Synchro-PTP-Steuerung eine Koordinierung der Achsenbewegung, so daß alle Achsbewegungen gleich lang dauern und der Bewegungssatz von allen Achsen gleichzeitig beendet wird.

Zur Berechnung der einzelnen Achsbewegungen wird ein Trapezprofil als vereinfachende Annahme über das Geschwindigkeitsverhalten von Roboterachsen zugrunde gelegt (Bild 5-29). Die Zulässigkeit dieser Annahmen wird durch nachfolgende Meßergebnisse in Kapitel 5.4.4.4 gezeigt.

Die Beschleunigungs- und Verzögerungsrampen werden mit konstanten Werten gefahren. Zwischen der Beschleunigungs- und Bremsphase liegt eine Bewegungsphase mit konstanter Achsgeschwindigkeit. Für kurze Bewegungsoperationen reduziert sich das Geschwindigkeitsprofil auf eine dreieckige Form.

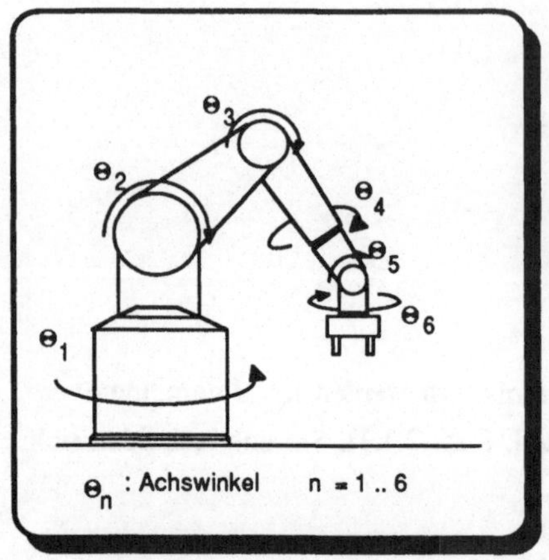

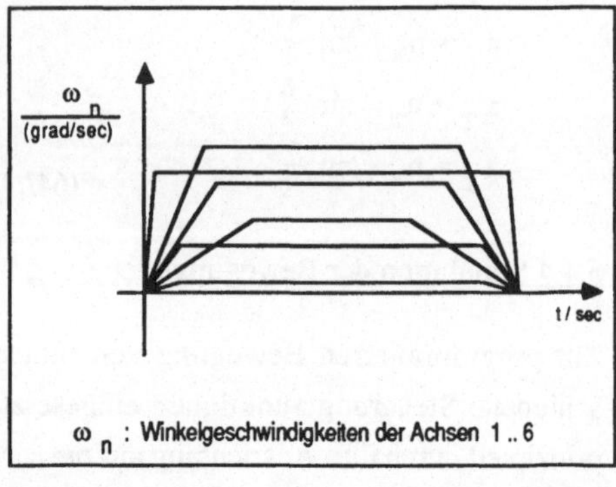

Bild 5-29: Simulation von PTP-Bewegungsoperationen

Zur Ausführung eines PTP-Bewegungssatzes werden zunächst bei kartesischer Zielpositions- und -orientierungsbeschreibung die zugehörigen Achsstellungen bestimmt. Die Auswertung der Winkelstatusinformation ermöglicht die Auflösung möglicher Mehrdeutigkeiten. Anschließend wird für jede Achse die Wegdifferenz zwischen Ist- und Sollstellung bestimmt. Mit Hilfe der programmierten Achsgeschwindigkeits- und -beschleunigungswerte wird die Ausführungszeit für jede Achse bestimmt. Sind Synchro-PTP-Anweisungen auszuführen, so wird die Führungsachse mit der längsten Bewegungsausführungszeit bestimmt. Bei allen anderen Achsen wird die Beschleunigungsphase so verkürzt, daß sich ein flacheres Geschwindigkeitsprofil mit gleicher Ausführungszeit ergibt.

Für jeden Simulationszeittakt wird der verfahrene Weg der Roboterachsen bestimmt. Befinden sich die Achsstellungen im gültigen Bewegungsbereich der Roboterachsen, wird die neue Stellung des Roboters am Grafikbildschirm dargestellt. Andernfalls erfolgt eine Fehlermeldung und die Bewegung wird nicht ausgeführt.

5.4.4.2 Simulation der Bahnbewegungen

Zur kartesischen Bewegungssteuerung eines Industrieroboters ist die Berechnung der Stellung jeder Achse in jedem Interpolationsschritt auf der programmierten Bahn erforderlich. Eine Bahnbewegung besteht aus zwei getrennt zu betrachtenden Bewegungsanteilen, der

- Positionsinterpolation und der
- Orientierungsinterpolation,

die bei der Bewegungsausführung synchronisiert werden müssen. Zwei Arten von Bahninterpolationsoperationen sind in marktüblichen Robotersteuerungen heute realisiert (vgl. Kap. 2.1.1):

- Lineare Bahninterpolation
- Zirkulare Bahninterpolation.

Zur Simulation der Bewegungen muß zunächst je nach Interpolationsart die Bewegungsbahn des Tool-Center-Points ermittelt werden.

Die Bewegungsbahn des Tool-Center-Points kann bei Linearinterpolation durch den Vektor $\vec{B}$ zwischen Istposition und Zielposition bestimmt werden.

$$\vec{B} = \vec{P}_{Ziel} - \vec{P}_{ist} = \begin{pmatrix} x_{Ziel} - x_{ist} \\ y_{Ziel} - y_{ist} \\ z_{Ziel} - z_{ist} \end{pmatrix}$$

Für die Zirkularinterpolation ist die Bestimmung der Bahn im Raum erheblich aufwendiger. Ist die Kreisbahn durch drei Punkte auf der Bahn definiert, so muß zunächst der Kreismittelpunkt und die zugehörigen Kreisparameter bestimmt werden. Die Verfahrrichtung des Industrieroboters auf der Bahn wird durch die Reihenfolge der Definition der drei Bahnpunkte festgelegt. Zur Berechnung der Bahnpunkte kann die in /65/ vorgestellte Kreisinterpolation mit einem Rekursionsverfahren zweiter Ordnung eingesetzt werden.

Zur Berechnung der Bahn wird in die drei beliebig im Raum angeordneten Kreispunkte $P_a\,(x_a,y_a,z_a)$, $P_b\,(x_b,y_b,z_b)$ und $P_c\,(x_c,y_c,z_c)$ ein lokales Koordinatensystem so definiert, daß die Punkte in der lokalen x/y - Ebene liegen (Bild 5-30). Damit wird die dreidimensionale Kreisinterpolation auf ein ebenes Problem reduziert.

Nach /65/ ergibt sich der Mittelpunkt der Kreisbahn im lokalen Interpolationsbezugssystem mit

$$x'_M = \frac{(x'^2_a - x'^2_b + y'^2_a - y'^2_b)\cdot(y'_c - y'_b) - (x'^2_c - x'^2_b + y'^2_c - y'^2_b)\cdot(y'_a - y'_b)}{2\cdot\{(x'_a - x'_b)\cdot(y'_c - y'_b) - (x'_c - x'_b)\cdot(y'_a - y'_b)\}}$$

$$y'_M = \frac{(x'^2_a - x'^2_b + y'^2_a - y'^2_b)\cdot(x'_c - x'_b) - (x'^2_c - x'^2_b + y'^2_c - y'^2_b)\cdot(x'_a - x'_b)}{2\cdot\{(x'_a - x'_b)\cdot(y'_c - y'_b) - (x'_c - x'_b)\cdot(y'_a - y'_b)\}}$$

und der Randbedingung: $x'_a = y'_a = y'_b = 0$.

Der zugehörige Radius des Kreises ergibt sich aus

$$r = \sqrt{(x'_a - x'_M)^2 \cdot (y'_a - y'_M)^2}$$

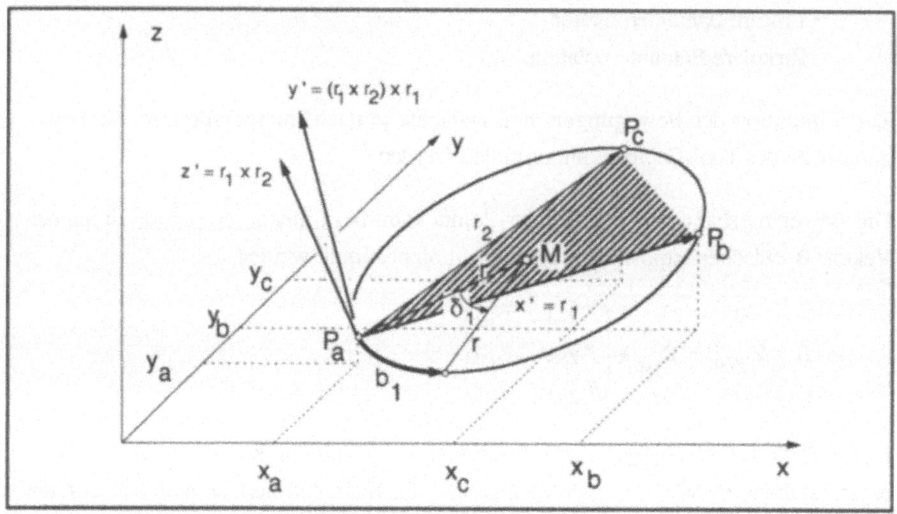

Bild 5-30: Reduktion der dreidimensionalen Kreisinterpolation auf ein ebenes Problem

Über den verfahrenen Bahnbogen b_n wird anschließend für den n-ten Interpolationstakt die Position auf der Kreisbahn bestimmt.

$\delta_n = \text{\F}(b_n;r)$ (n Interpolationsschritt)

Die Koordinaten des interpolierten Bahnpunkts für den n-ten Interpolationstakt lassen sich aus den lokalen Positionsdaten durch inverse Transformation von

$$x'_n = (x'_a - x'_M) \cdot \cos\delta_n + (y'_a - y'_M) \cdot \sin\delta_n$$
$$y'_n = -(x'_a - x'_M) \cdot \sin\delta_n + (y'_a - y'_M) \cdot \cos\delta_n$$
$$z'_n = z'_a$$

bestimmen.

Nach der Bestimmung der Bewegungsbahn erfolgt die Berechnung der Bahnlaufzeit getrennt bezogen auf die Position und die Orientierung. Zur kartesischen Orientierungsinterpolation muß ein Führungsorientierungswinkel bestimmt werden. Im Zeittakt des Simulationssystems werden anschließend die kartesischen Bahnpunkte und die kartesische Orientierung für die Bahnbewegungsschritte ermittelt und als Zielframes beschrieben. Danach werden die Algorithmen der Rückwärtsrechnung zur Bestimmung der neuen Achsstellungen aufgerufen. Vor Ausführung der Bewegung werden mit den ermittelten Achswegdifferenzen die zulässigen achsspezifischen Grenzwerte der Beschleunigung, Geschwindigkeit und Position überwacht.

5.4.4.3 Algorithmen zur Rückwärtsrechnung

Aufgabe des Transformationsmoduls ist es, aus einer kartesischen Zielpunktbeschreibung die zugehörigen roboterspezifischen Achsstellungen zu bestimmen (Bild 5-28). Wichtige Voraussetzung für einen realitätsnahen Test des Bewegungsablaufs des Industrieroboters ist die absolut korrekte Berechnung der Achsstellung auf der programmierten Bewegungsbahn. Wie in Kapitel 4.3.2 ausgeführt sind verschiedene Konzepte zur Bestimmung der Achskonfiguration möglich, von denen im GROSIM-System mehrere Alternativen realisiert sind.

Für wenige Industrierobotersteuerungen und Robotertypen konnte, in enger Zusammenarbeit mit den Herstellern, Orginalalgorithmen in das Simulationssystem integriert werden. Hierzu enthält das System eine prozedurale Softwareschnittstelle, die eine Anbindung herstellerabhängiger Softwaremoduln ermöglicht. Um auch für andere Industrieroboter, für die keine Orginalalgorithmen zur Verfügung stehen, Bewegungsstudien durchführen zu können, sind im Simulationssystem Rückwärtstransformationsmoduln für verschiedene Industrierobotergrundtypen realisiert. Sie enthalten Algorithmen, die mit Hilfe von Kinematikparametern an die speziellen Strukturen von Industrierobotern anpaßbar sind.

5.4.4.3.1 Rückwärtsrechnungen für Basiskinematiktypen von Industrierobotern

Allgemein lassen sich die Achsen eines Industrieroboters in Grund- und Handachsen einteilen. Läßt sich die Aufgabe der Positions- oder Orientierungseinstellung des TCP's einzelnen Achsen bzw. Achsgruppen ausschließlich zugeordnet werden, so kann die Rückwärtsrechnung aus den kartesischen Positions- und Orientierungsdaten für einzelne Teilsysteme getrennt ausgeführt werden /66, 67, 68/.

Für Industrieroboter mit kartesischer Arbeitsraum (Portale) trifft dieser Fall zu. Die Einstellung der Zielpunktorientierung erfolgt ausschließlich über die Handachsen des Roboters. Eine Zerlegung der Roboterkinematik in zwei kinematisch unabhängige Teilsysteme mit einer Nahtstelle für die Rückwärtsrechnung ist damit möglich. Für das 6-achsige Portal lassen sich daher Algorithmen entwickeln, die sich über die kinematischen Parameter an alle denkbaren Portalkinematiken anpassen lassen /69/ (Bild 5-31).

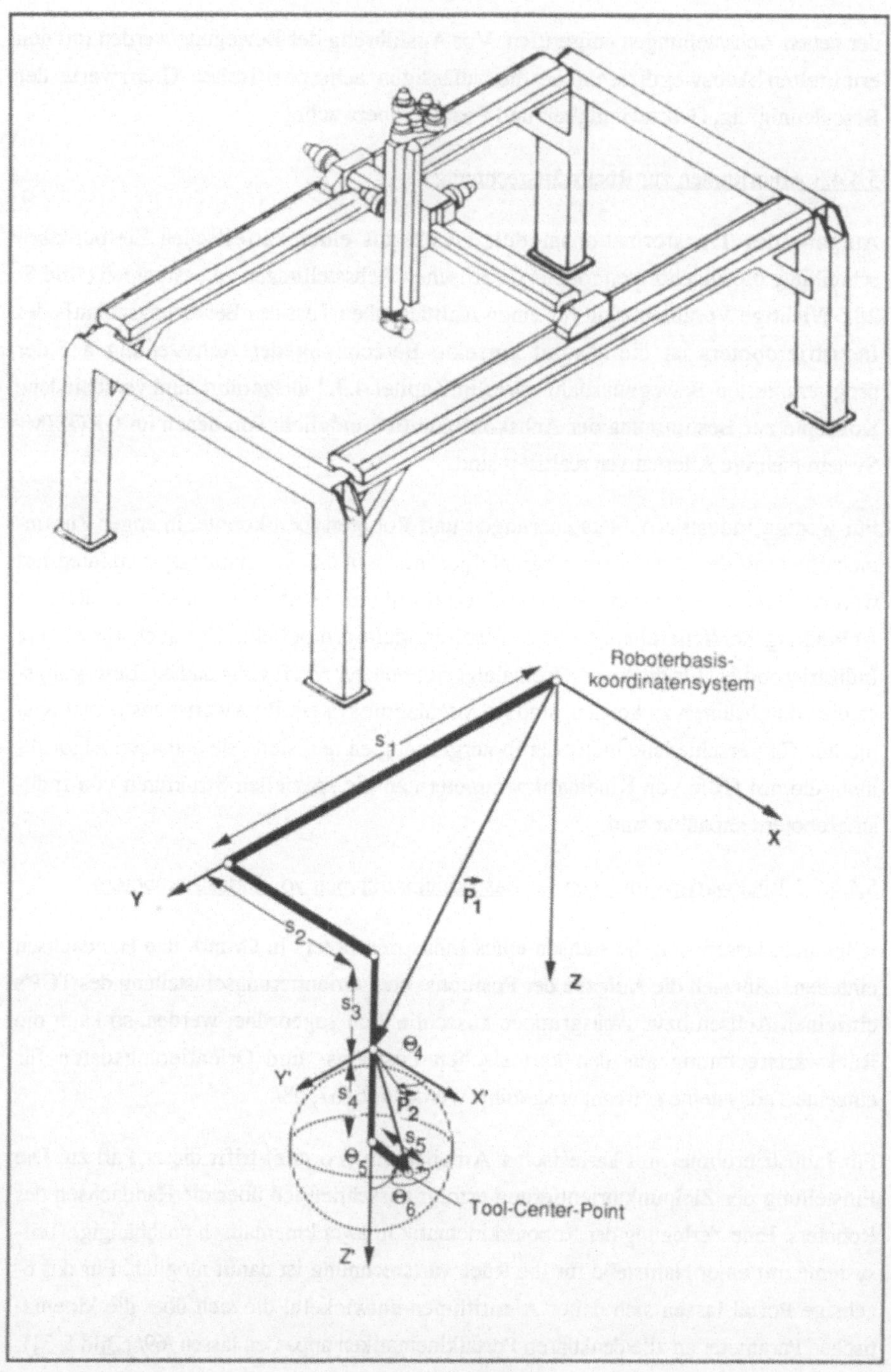

Bild 5-31: Rückwärtsrechnung für Portal mit Zentralhand

Bei Vorgabe der Zielstellung des TCP's mit kartesischem Positionsvektor und Orientierungsbeschreibung in nautischen Winkeln (vgl. Tab. 5.1) können die Achsstellungen stufenweise für die beiden kinematischen Teilsysteme bestimmt werden:

Zielstellung des Roboters $F = (x, y, z, A, B, C)$.

Aus der nautischen Orientierungsvorgabe folgen direkt die Drehwinkel der Handachsen:

$$\Theta_6 = C; \qquad \Theta_5 = B; \qquad \Theta_4 = A.$$

Mit den Achslängen S_4 und S_5 der Hand ergibt sich die Positionsverschiebung:

$$\vec{P}_2 = \begin{pmatrix} s_5 \cdot \sin\Theta_5 \cdot \cos\Theta_4 \\ s_5 \cdot \sin\Theta_5 \cdot \sin\Theta_4 \\ s_5 \cdot \cos\Theta_5 \cdot s_4 \end{pmatrix}$$

Die Stellungen der Robotergrundachsen ergeben sich aus den Positionsvektoren des TCP's $\vec{P}$ und der kinematischen Nahtstelle $\vec{P}_1$

$$\vec{P}_1 = \vec{P} - \vec{P}_2 = \begin{pmatrix} s_2 \\ s_1 \\ s_3 \end{pmatrix} = \begin{pmatrix} x - s_5 \cdot \sin\Theta_5 \cdot \cos\Theta_4 \\ y - s_5 \cdot \sin\Theta_5 \cdot \sin\Theta_4 \\ z - s_5 \cdot \cos\Theta_5 \cdot s_4 \end{pmatrix}$$

Für andere Roboterkinematiken, wie den vertikalen Knickarmroboter, ist eine solche Zerlegung nicht möglich, da sowohl die Grundachsen als auch die Handachsen für die Positions- und Orientierungseinstellung relevant sind. In diesen Fällen kann zur Durchführung der Rückwärtsrechnung die Beschreibung der Industrieroboterkinematiken nach Denavit - Hartenberg angewandt werden. Die Lage der Roboterachsen wird dazu mit Transformationsmatrizen A_n mit jeweils vier Parametern (a_n, α_n, d_n, Θ_n) beschrieben. Mit diesen Parametern ist die Beschreibung der Gelenkstellung der Roboterachsen der Industrieroboter durch folgende Matrix A_n möglich:

$$A_n = \mathrm{Rot}(z,\Theta) \cdot \mathrm{Trans}(0, 0, d) \cdot \mathrm{Trans}(a, 0, 0) \cdot \mathrm{Rot}(x,\alpha)$$

Die anschließende Auswertung der Matrizen von kartesischer Zielpunktbeschreibung und Transformationsmatrizen der kinematischen Kette führt zu den gesuchten Stellungen der Roboterachsen. Die reduzierte Beschreibung der sechs Freiheitsgrade jeder Achse mit vier Kinematikparametern schränkt die Zahl der abbildbaren Modellvarianten zwar ein, macht aber in vielen Fällen eine analytische Lösung der Rückwärtsrechnung erst möglich (Bild 5-32).

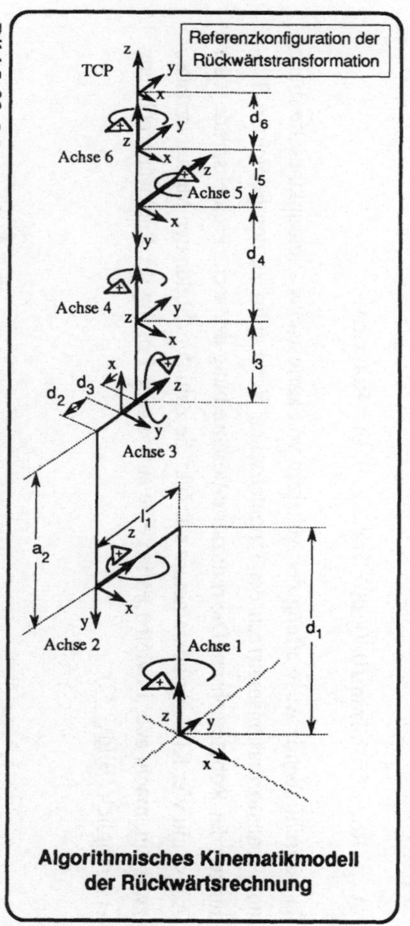

$$\Theta_1 = \arctan 2\left[\frac{[d_3+d_2+l_1]\cdot[p_y-(d_6-l_5)\cdot a_y] \pm [(d_6-l_5)a_x-p_x]\cdot\sqrt{[p_y-(d_6-l_5)a_y]^2+[(d_6-l_5)a_x-p_x]^2-[d_3+d_2+l_1]^2}}{[d_3+d_2+l_1]\cdot[-p_x+(d_6-l_5)\cdot a_x] \pm [-(d_6-l_5)a_y-p_y]\cdot\sqrt{[p_y-(d_6-l_5)a_y]^2+[(d_6-l_5)a_x-p_x]^2-[d_3+d_2+l_1]^2}}\right]$$

$$\Theta_3 = \arctan 2\left\langle\frac{\pm\sqrt{1-\left\{\frac{[d_4-l_3]^2+a_2^2-\left(\cos(\Theta_1)[p_x-(d_6-l_5)a_x]+\sin(\Theta_1)[p_y-(d_6-l_5)a_y]\right)^2-\left(-p_z+d_1+(d_6-l_5)a_z\right)^2}{2a_2[d_4-l_3]}\right\}^2}}{\frac{[d_4-l_3]^2+a_2^2-\left(\cos(\Theta_1)[p_x-(d_6-l_5)a_x]+\sin(\Theta_1)[p_y-(d_6-l_5)a_y]\right)^2-\left(-p_z+d_1+(d_6-l_5)a_z\right)^2}{2a_2[d_4-l_3]}}\right\rangle$$

$$\Theta_2 = \arctan 2\left\langle\frac{[-p_z+d_1+(d_6-l_5)a_z][d_4-l_3]\sin(\Theta_3)+\{\cos(\Theta_1)[p_x-(d_6-l_5)a_x]+\sin(\Theta_1)[p_y-(d_6-l_5)a_y]\}\{(d_4-l_3)\cos(\Theta_3)+a_2\}}{(d_4-l_3)\{\cos(\Theta_1)[p_x-(d_6-l_5)a_x]+\sin(\Theta_1)[p_y-(d_6-l_5)a_y]\}\sin(\Theta_3)-[-p_z+d_1+(d_6-l_5)a_z]\{(d_4-l_3)\cos(\Theta_3)+a_2\}}\right\rangle$$

$$\Theta_4 = \arctan 2\frac{-\sin(\Theta_1)a_x+\cos(\Theta_1)a_y}{\cos(\Theta_2+\Theta_3)[\cos(\Theta_1)a_x+\sin(\Theta_1)a_y]-\sin(\Theta_2+\Theta_3)a_z}$$

$$\Theta_4 = \arctan 2\frac{\cos(\Theta_1)\{\cos(\Theta_2+\Theta_3)[\cos(\Theta_1)a_x+\sin(\Theta_1)a_y]-\sin(\Theta_2+\Theta_3)a_z\}+\sin(\Theta_1)\{-\sin(\Theta_1)a_x+\cos(\Theta_1)a_y\}}{\sin(\Theta_2+\Theta_3)[\cos(\Theta_1)a_x+\sin(\Theta_1)a_y]+\cos(\Theta_2+\Theta_3)a_z}$$

$$\Theta_4 = \arctan 2\frac{-\sin(\Theta_4)\{\cos(\Theta_2+\Theta_3)[\cos(\Theta_1)n_x+\sin(\Theta_1)n_y]-\sin(\Theta_2+\Theta_3)n_z\}+\cos(\Theta_4)\{-\sin(\Theta_1)n_x+\cos(\Theta_1)n_y\}}{-\sin(\Theta_4)\{\cos(\Theta_2+\Theta_3)[\cos(\Theta_1)o_x+\sin(\Theta_1)o_y]-\sin(\Theta_2+\Theta_3)o_z\}+\cos(\Theta_4)\{-\sin(\Theta_1)o_x+\cos(\Theta_1)o_y\}}$$

Bild 5-32: Lösung der Rückwärtstransformation für Robotertyp "Vertikaler Knickarmroboter mit Zentralhand" für eine kinematische Konfiguration /70/

Trotz des starken Zuschnitts auf die kinematische Struktur des 6-achsigen Knickarmroboter ergibt sich ein sehr komplexes Ergebnis für die Rückwärtsrechnung. Die in Bild 5-32 bestimmte Lösung der Rückwärtsrechnung gilt nur für die im Bild dargestellte Referenzkonfiguration der Rückwärtsrechnung.

Um mit den Algorithmen der Rückwärtsrechnung im Simulationssystem nicht nur diese Konfiguration dieses Roboterkinematiktyps abbilden zu können, sondern für eine größere Modellvielfalt anwendbar zu machen, enthält das GROSIM-System in den Moduln der Rückwärtsrechnung Offset- und Vorzeichentabellen. Für die variablen Achsparameter können hier Offsetwerte zur Veränderung der kinematischen Achsnullstellung und Vorzeichenfaktoren zur Abstimmung der positiven Dreh- bzw. Schubrichtung der beiden Kinematikmodelle eingetragen werden (Bild 5-33).

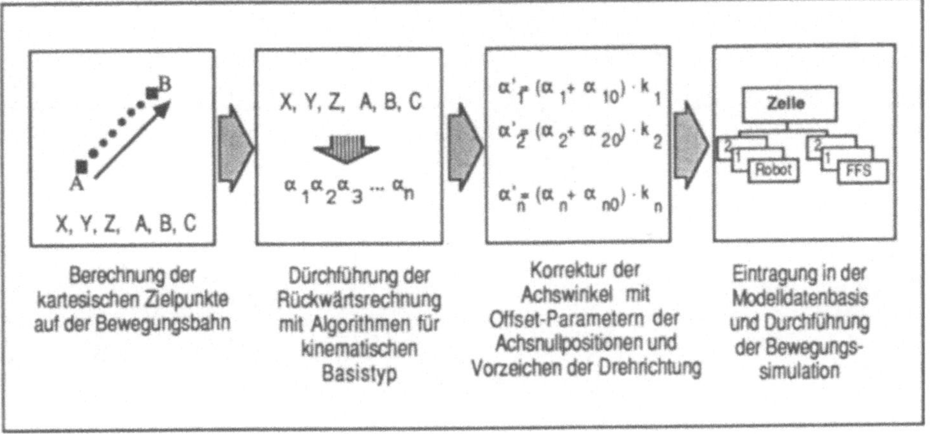

Bild 5-33: Offset- und Vorzeichentabellen zur Anpassung der Rückwärtstransformation

Für die Simulation kartesisch geführter Roboterbewegungen ergibt sich daraus die zusätzliche Notwendigkeit, daß das modellierte kinematische Modell des Industrieroboters auch mit dem algorithmischen Kinematikmodell der Rückwärtsrechnung abgestimmt sein muß. In Bild 5-34 ist ein Modell eines Industrieroboters mit vertikalem Knickarm und Zentralhand abgebildet. Mit Hilfe der Offset- und Vorzeichentabelle kann das Ergebnis der Rückwärtsrechnung aus Bild 5-32 auch auf diesen Roboter angewandt werden.

Für das gezeigt Beispiel (Bild 5-34) wird ein negativer Vorzeichenfaktor für die Drehrichtung der Achsen 1, 4 und 6 benötigt. Offsetwerte für die Achsnullstellungen ergeben sich nicht, da beide Modellkonfigurationen hier übereinstimmen.

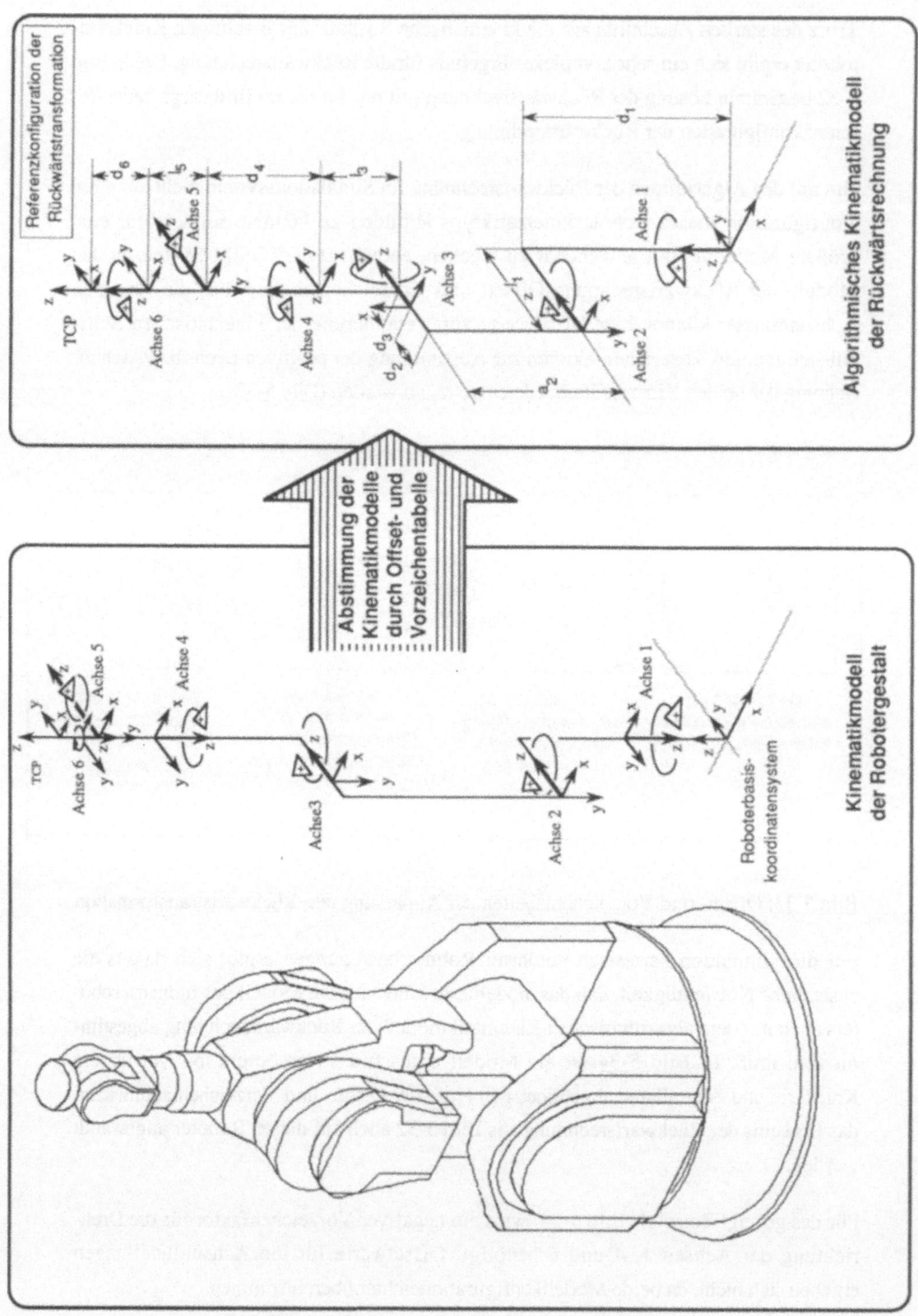

Bild 5-34: Referenzmodell der Rückwärtstransformation für Robotertyp "Vertikaler Knickarmroboter mit Zentralhand"

5.4.4.3.2 Mehrdeutigkeiten und Singularitäten der Transformation und Bahnsteuerung 6-achsiger Knickarmroboter

Durch die typische Anordnung der Rotationsachsen beim 6-achsigen Knickarmroboter, liefert die analytische Rückwärtstransformation Mehrfachlösungen für die Stellung der Achsen bei gleicher kartesischen Zielstellung. In Bild 5-35 sind die möglichen Mehrdeutigkeiten dieses Robotertyps gezeigt.

Es treten auf

a) Mehrdeutigkeiten des Schwenkbereichs und der Armstellung bei der eine Zielstellung entweder durch Drehung um die Grundachse bzw. durch Überkopfbewegung erreicht werden kann,

b) Mehrdeutigkeiten des Handgelenks, bei der positive bzw. negative Achsorientierungen für Achse 4 und 6 möglich sind,

c) Mehrdeutigkeiten des Ellbogengelenks, bei der positive bzw. negative Achsorientierungen für Achse 3 und 5 gewählt werden können.

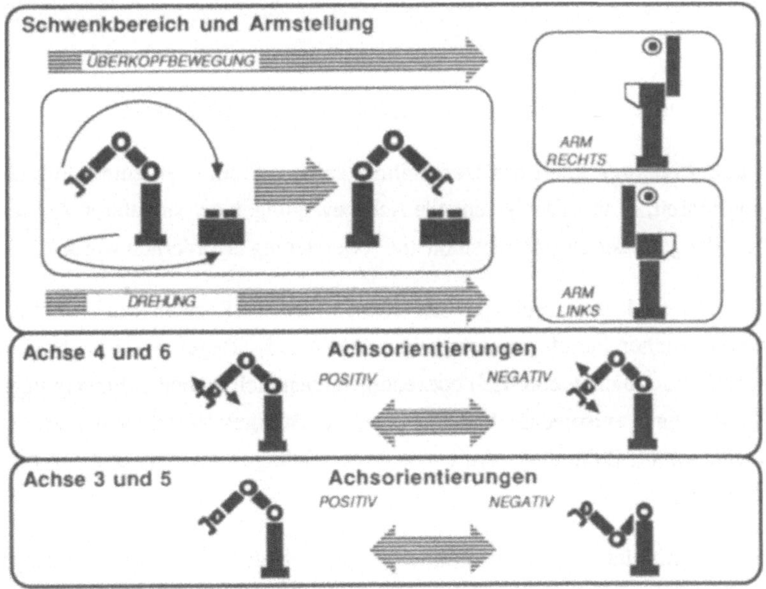

Bild 5-35: Mehrdeutigkeiten der Rückwärtstransformation bei 6-achsigen Knickarmrobotern /27/

Neben diesen Mehrdeutigkeiten der Transformation treten Singularitäten der Bahnsteuerung immer dann auf, wenn die Kinematik des 6-achsigen Roboters degeneriert und mehrere Achsen auf einer gemeinsamen Wirkungslinie liegen (Bild 5-36). In diesen

Fällen kann nur noch die Summe der Achspositionen für diese Roboterachsen errechnet werden.

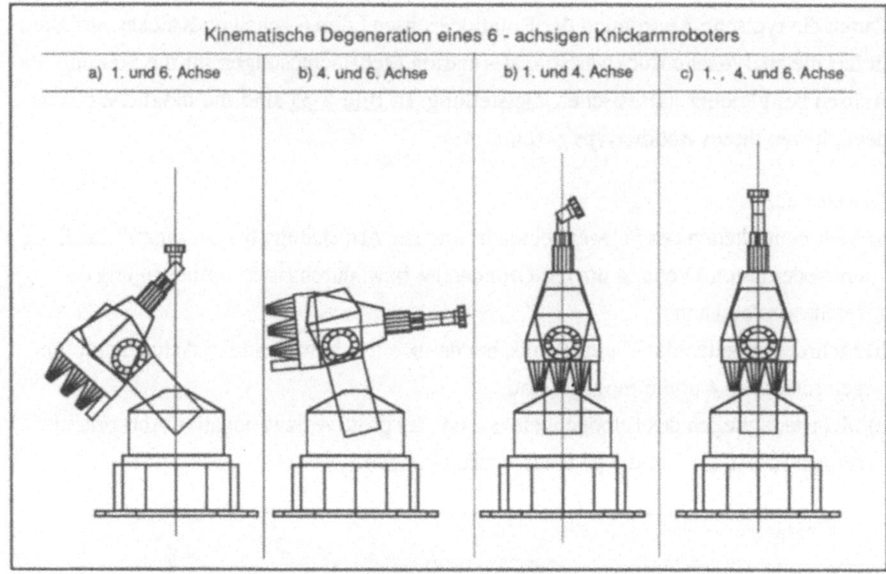

Bild 5-36: Singuläre Achsstellungen des 6-achsigen Knickarmroboters

Für die Bahnsteuerung kann das Durchfahren solcher Stellungen zum Abbruch der Bewegung führen, da unzulässig schnelle Achsbewegungen der singulären Achsen bei Einhaltung der geforderten Bahnposition und -orientierung erforderlich würden.

Für solche Fälle sind daher in einigen Steuerungen spezielle Regelungsalgorithmen zum Durchfahren solcher Punkte implementiert. Die Alfa5 - Regelung (Bild 5-37) zum Beispiel bewirkt, daß die theoretisch notwendigen unendlich schnellen Bewegungen der Achse 4 und 6 durch entsprechende Reduzierung der Achsgeschwindigkeiten vermieden werden und solche Bahnpunkte mit reduzierter Bahngeschwindigkeit durchfahren werden können.

Dies auch im Simulationssystem funktionsgerecht abzubilden erfordert Zusatzalgorithmen, da mit den idealisierten Simulationsmodellen unendlich schnelle Achsbewegungen ohne weiteres ausführbar sind. Zur Anpassung des Simulationssystems an das reale Verhalten des Robotersystems sind daher Routinen zum Bewegungsabbruch beim Überschreiten höchstzulässiger Achsbeschleunigungen und z.B. der Alfa5-Regelung erforderlich.

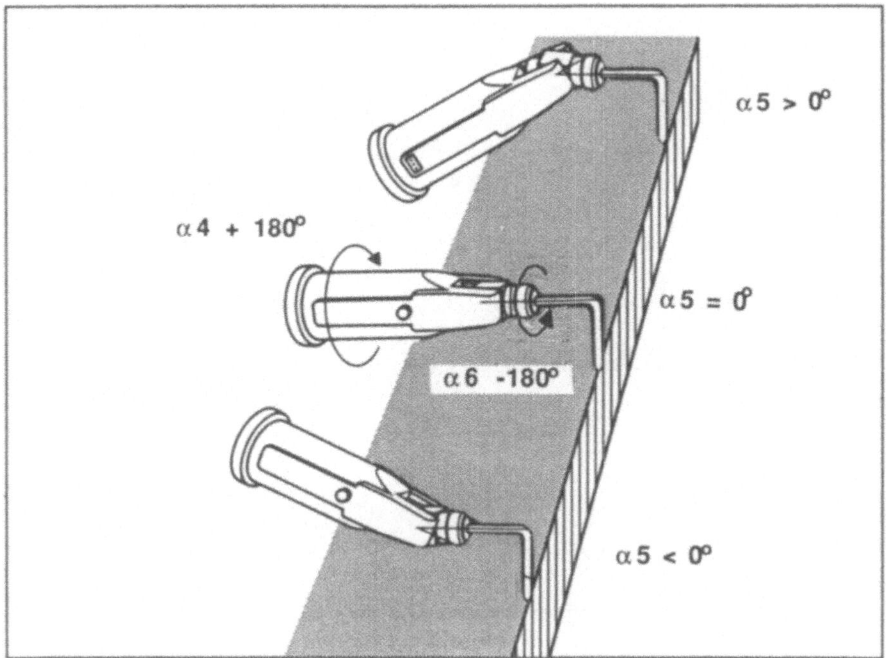

Bild 5-37: Alfa 5 - Regelung für 6-achsigen Knickarmroboter (Quelle: Siemens)

5.4.4.4 Bestimmung der Laufzeit von Roboterachsbewegungen

Die Bewegungsnachbildung im Simulationssystems GROSIM basiert auf rein kinetischen Modellen und enthält keine Parameter über das direkte Verhalten von Motoren und Antrieben. Für die Berechnung der Bewegungszeit von gesteuerten Roboterachsen wird daher ein dreieck- bzw. trapezförmiges Geschwindigkeitsprofil für die Simulation zugrunde gelegt (Bild 5-38). Es wird darüber hinaus kein Schleppabstand berücksichtigt.

Zur Überprüfung des angewendeten algorithmischen Laufzeitmodells wurden mit einem KUKA IR 160/60 Versuche zur Ermittlung der Ausführungszeit für Point-to-Point- und Linearbewegungen durchgeführt. Alle gemessenen Bewegungslaufzeiten wurden handgestoppt.

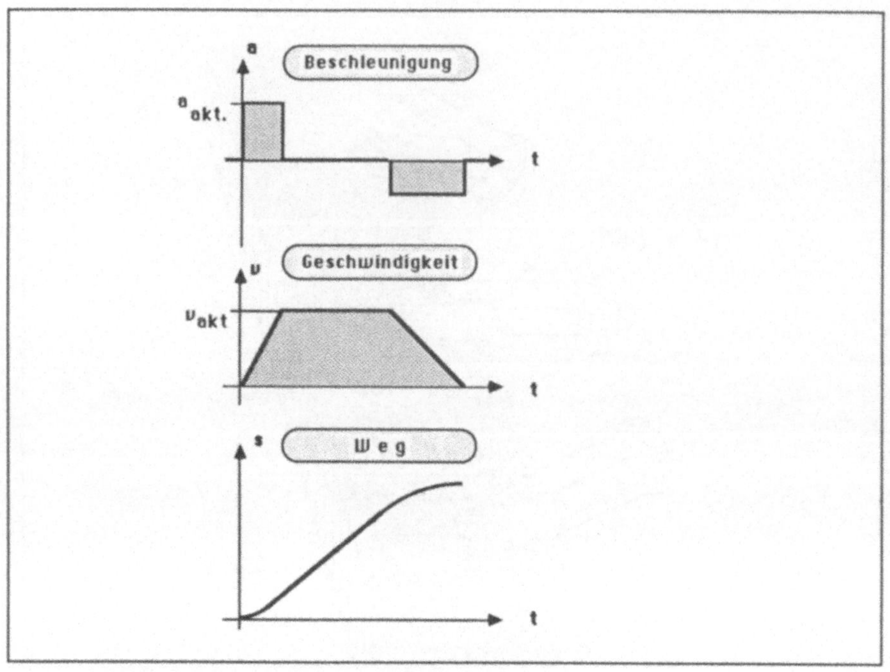

Bild 5-38: Bewegungsprofile zur Laufzeitermittlung

Laufzeitmessung für PTP-Bewegungsoperationen

Bewegung von Achse 3 von Stellung A nach B um 180⁰ (Bild 5-39) bei Variation des Override:

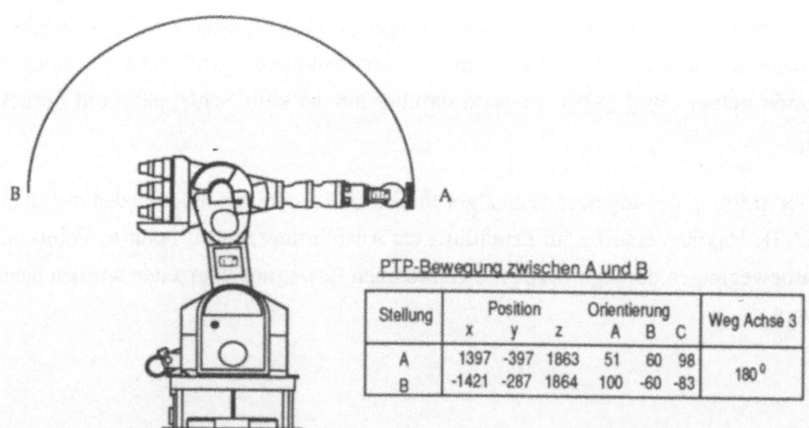

PTP-Bewegung zwischen A und B

Stellung	Position x	y	z	Orientierung A	B	C	Weg Achse 3
A	1397	-397	1863	51	60	98	180°
B	-1421	-287	1864	100	-60	-83	

Bild 5-39: Laufzeitmessung für PTP - Bewegung

Meßergebnisse / Berechnete Werte für die Laufzeit:

Override %	berechnete Laufzeit für PTP-Satz t_b / sec	gemessene Laufzeit für PTP-Satz t_g / sec	Abweichung $(t_g-t_b) / t_g$ %
5	26,2	28,2	7,09
10	13,51	14,0	4,10
20	7,57	7,2	-7,22
30	5,96	5,2	-17,50
40	5,42	3,7	-46,26
50	2,66	3,4	17,35
80	2,66	2,5	-10,73
100	2,66	2,3	-23,62

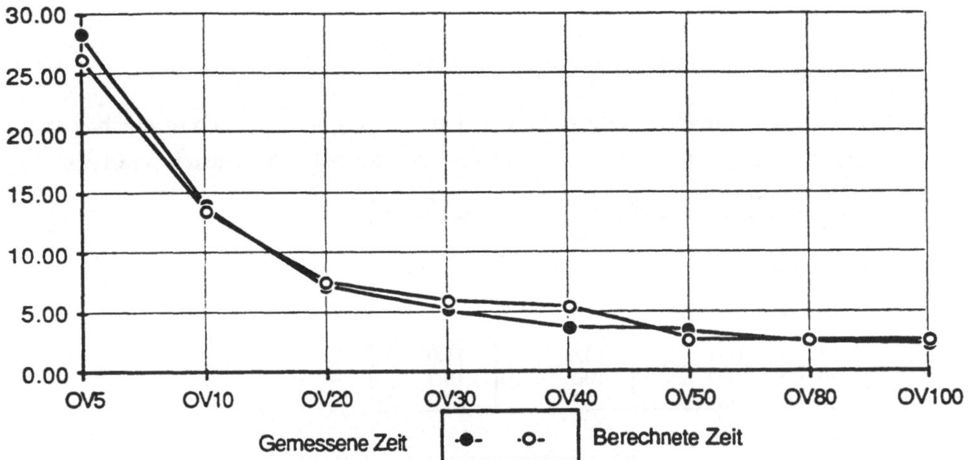

Bild 5-40: Gemessene und berechnete Bewegungszeiten der Achse 3

Laufzeitmessung für Linearbewegung

Messung der Roboterbewegungszeit für das Abfahren eines Quadrats mit Kantenlänge 1m (Bild 5-41) mit folgenden Bahnparametern:

Grenzwerte:	max. Bahngeschwindigkeit	$v_{Bahn,max.}$	= 1,75 m/s²
	max. Bahnbeschleunigung	$a_{Bahn,max.}$	= 0,73 m/s²
programmierte Bahnparameter:	Bahngeschwindigkeit	$v_{prog.}$	= 100 m/min
	Bahnbeschleunigung	$a_{prog.}$	= 100 %

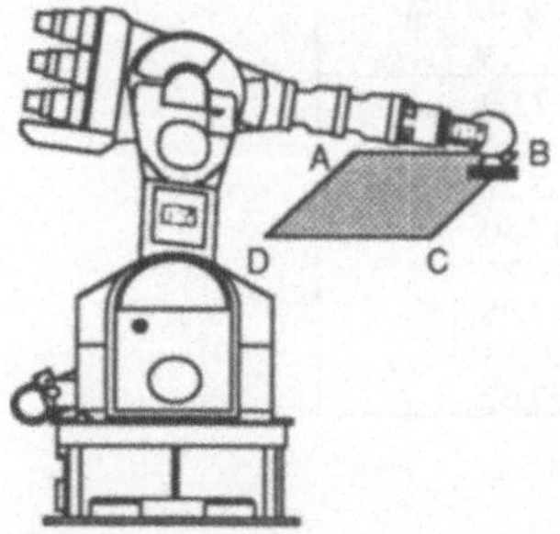

Stellung	Position x	Position y	Position z	Orientierung A	Orientierung B	Orientierung C
A	500	500	1600	-179	5	178
B	1500	500	1600	-179	5	178
C	1500	-500	1600	-179	5	178
D	500	-500	1600	-179	5	178

Bild 5-41: Laufzeitmessung für lineare Bewegung

Für die programmierte Bahngeschwindigkeit $v_{prog.}$ = 100 m/min ergeben sich folgende Meßergebnisse bzw. lassen sich folgende Werte für die Laufzeit berechnen:

Override %	berech. Laufzeit t_b / sec	gem. Laufzeit t_g / sec	Abweichung $(t_g-t_b) / t_g$ %
5	48,0	52,0	7,7
10	24,2	27,1	10,7
20	12,5	14,2	12,0
25	10,2	12,0	15,0
30	8,7	10,3	15,3
40	6,9	9,1	24,2

Die Auswertung der exemplarischen Ergebnisse zeigt, daß mit der vereinfachenden Näherung des trapezförmigen Geschwindigkeitsprofils bereits eine relativ genaue Vorhersage der Ausführungszeiten von Achsbewegungen möglich ist. Die Genauigkeit der Berechnung hängt allerdings in starkem Maße von der Genauigkeit der zugrunde liegenden Bewegungsparameter v_{max} und a_{max} ab. Eine genauere Vorhersage der Bewegungszeit der Roboterachsen erfordert erhebliche Detaillierung des Simulationsmodells, da nicht quantifizierbare steuerungs-, bewegungs-, antriebs- und lastabhängige Faktoren die effektive Bewegungsausführungszeit mitbestimmen. Die Verwirklichung dieser Anforderungen würden den Rahmen eines PC-basierten Simulationssystems erheblich überschreiten.

Für eine Anwenderprogrammsimulation erscheint die Vorhersage der absoluten Laufzeit von Roboterbewegungen bei der Optimierung der Anweisungssequenzen nur von zweitrangiger Bedeutung, vielmehr ist für den Programmentwickler eine qualitative Information wichtig, ob Veränderungen des Anwenderprogramms zu einer Verkürzung der Laufzeiten geführt haben.

5.4.5 Nachbildung von Handhabungsoperationen

Neben den Bewegungsoperationen des Industrieroboters stellen die Handhabungsoperationen die zweite wichtige Basisfunktionsgruppe des Simulationssystems dar. Die Nachbildung von Handhabungsfunktionen, wie das Greifen von Objekten (Werkstücken), das Plazieren und das Verbinden zu neuen Gesamtkörperstrukturen, erfolgt mit Hilfe der kinematischen Repräsentierung aller Modellkörper in der Datenbasis des Simulationssystems.

Auf diese Weise kann z.B. die abhängige Bewegung von Werkstücken, gesteuert von Industrierobotern, dargestellt werden. Voraussetzung für die Nachbildung von Handhabungsoperationen ist die kinematische Beschreibung von beweglichen Objekten (Werkstücken) im Modellraum.

Da Werkstücke analog zu Industrierobotern auch mit kinematischen Parametern modelliert und ihre kinematische Anordnungen in der Zelle beschrieben worden sind, ist es möglich, Greif- und Verbindungsoperationen in der Modelldatenbasis zu simulieren, die anschließend das Mitbewegen von Werkstücken zulassen. Hierzu ist es notwendig, daß Werkstücke der Zelle aus der kinematischen Beschreibung der Umwelt ausgelöst und an die kinematische Kette des Industrieroboters angekoppelt werden. Das kann durch Berechnung neuer lokaler Achsparameter aus der absoluten raumbezogenen Körperposition erfolgen, die sich auf den TCP des Roboters beziehen.

Bei Bewegungsausführungen ist nun das Werkstück ein Teil der kinematischen Kette des Roboters. Ohne zusätzliche Rechenoperationen wird das Werkstück als Teil der Kette mitbewegt. Um einen Greifvorgang durchführen zu können, ist die Datenbasis des Simulationssystems um Greifpunkte zu ergänzen (Bild 5-42).

Sie stellen einen Teil der Kinematikbeschreibung der Zellenkomponenten dar. Pro Zellenkomponente können mehrere Greifpunkte definiert werden, die in einer linearen Liste der Datenbasis verwaltet werden. Das lokale Koordinatensystem der Zellenkomponente dient allen Greifpunkten gemeinsam als Bezugssystem. Die Greifpunkte ermöglichen, daß ein Industrieroboter bzw. ein Greifer die Werkstücke an bestimmten Stellen greifen kann, ohne daß eine Volumenbeschreibung des Werkstückes im Simulationssystem vorliegt. Es können immer nur kinematische Einheiten von Werkstücken gegriffen werden; sie werden in der Datenbasis durch eine Gruppe bzw. eine kinematische Kette von Gruppen repräsentiert. Im einfachsten Fall besteht ein Werkstück aus einer einzigen Gruppe, in der ihre kinematische Anordnung im Raum beschrieben ist. Anschließend folgt die Beschreibung der Geometrie, die aus einer Anzahl von Grundkörperelementen zusammengesetzt ist.

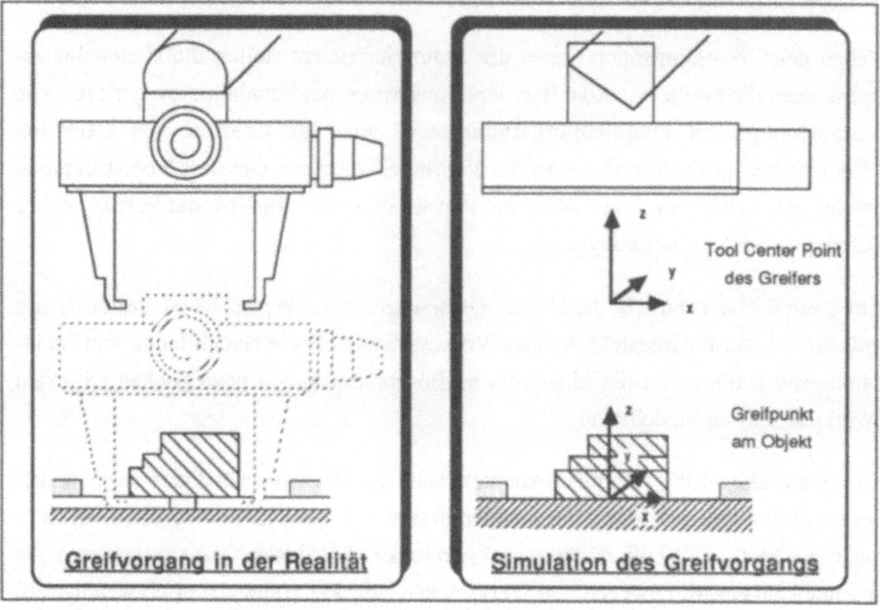

Bild 5-42: Simulation des Greifvorgangs

In ihrer Gesamtheit stellt sie die Geometrie des gesamten Werkstückes dar. Wird eine kinematische Kette von Gruppen gegriffen, so können mehrere verkoppelte Elemente von Werkstückkomponenten bewegt und positioniert werden. Das ist besonders dann ein sinnvoller Vorgang, wenn eine spätere Zerlegung von Werkstücken erforderlich wird.

5.5 Programmverarbeitung in der virtuellen Robotersteuerung des Simulationssystems

In den Anwendungsprogrammen ist der Arbeitsablauf für den Industrieroboter vollständig beschrieben. Die Art der Beschreibung ist abhängig von der gewählten Steuerung bzw. ihrer Programmiersprache.

Die Verarbeitung des Anwendungsprogramms erfolgt im Simulationssystem in einer konfigurierbaren "virtuellen Robotersteuerung". Hierzu ist eine steuerungsabhängige und sprachabhängige Vorverarbeitung des Roboterprogramms in einem Preprozessor erforderlich, der den Programmcode in die systeminterne Datenrepräsentation überführen kann.

Durch Realisierung eines generalisierten Interpreterkonzepts, das eine Obermenge von Robotersteuerungsfunktionen umfaßt, wird die Konfigurierung der virtuellen Robotersteuerung auf einen Steuerungstyp möglich. Die Konfigurierung erfolgt auf der dem Anweisungsinterpreter nachgeordneten Steuerungsfunktionsebene durch Auswahl steuerungsabhängiger Funktionsmodule mit steuerungsspezifischen Verarbeitungsalgorithmen (Bild 5-43).

Leitlinie für den realisierten Funktionsumfang ist der vom IRDATA-Normungsausschuß festgestellte Funktionsumfang moderner Industrierobotersteuerungen. Für viele Gruppen von Anweisungen (Bewegungen, Programmlogik, ...) konnte hier ein gemeinsamer Funktionsumfang festgelegt werden. Für darüber hinausgehende steuerungsspezifische Anweisungen, vor allem für Technologie- und Sensoranweisungen, erfolgt die steuerungsspezifische Ergänzung.

5.5.1 Programmcodeverarbeitung in virtueller Robotersteuerung

Im sprachabhängigen Preprozessor wird der syntaktisch und semantisch korrekte Programmcode in einen internen Zwischencode übertragen, der eine optimierte Programmverarbeitung in der virtuellen Steuerung des Simulationssystems zuläßt. Gleichzeitig erfolgt damit die Entkopplung des Anweisungsinterpreters von der steuerungsspezifischen Programmcodesyntax.

Vom Preprozessor werden die Programmanweisungen analysiert und als Binärcode in einer Codeliste auf einem Datenfile mit wahlfreiem Zugriff abgelegt. Daneben werden in der Übertragungsphase weitere Listen angelegt, die mit symbolischen Namen und ihren Inhalten geordnet sind nach

- Marken
- Variablen
- Strings
- Unterprogrammen

  :

In der virtuellen Robotersteuerung wird die Programmsimulation auf Basis der erzeugten Datenlisten und der darin enthaltenen symbolischen Größen durchgeführt. Während der Programmsimulation erfolgt die satzweise Verarbeitung der Elemente der Codeliste.

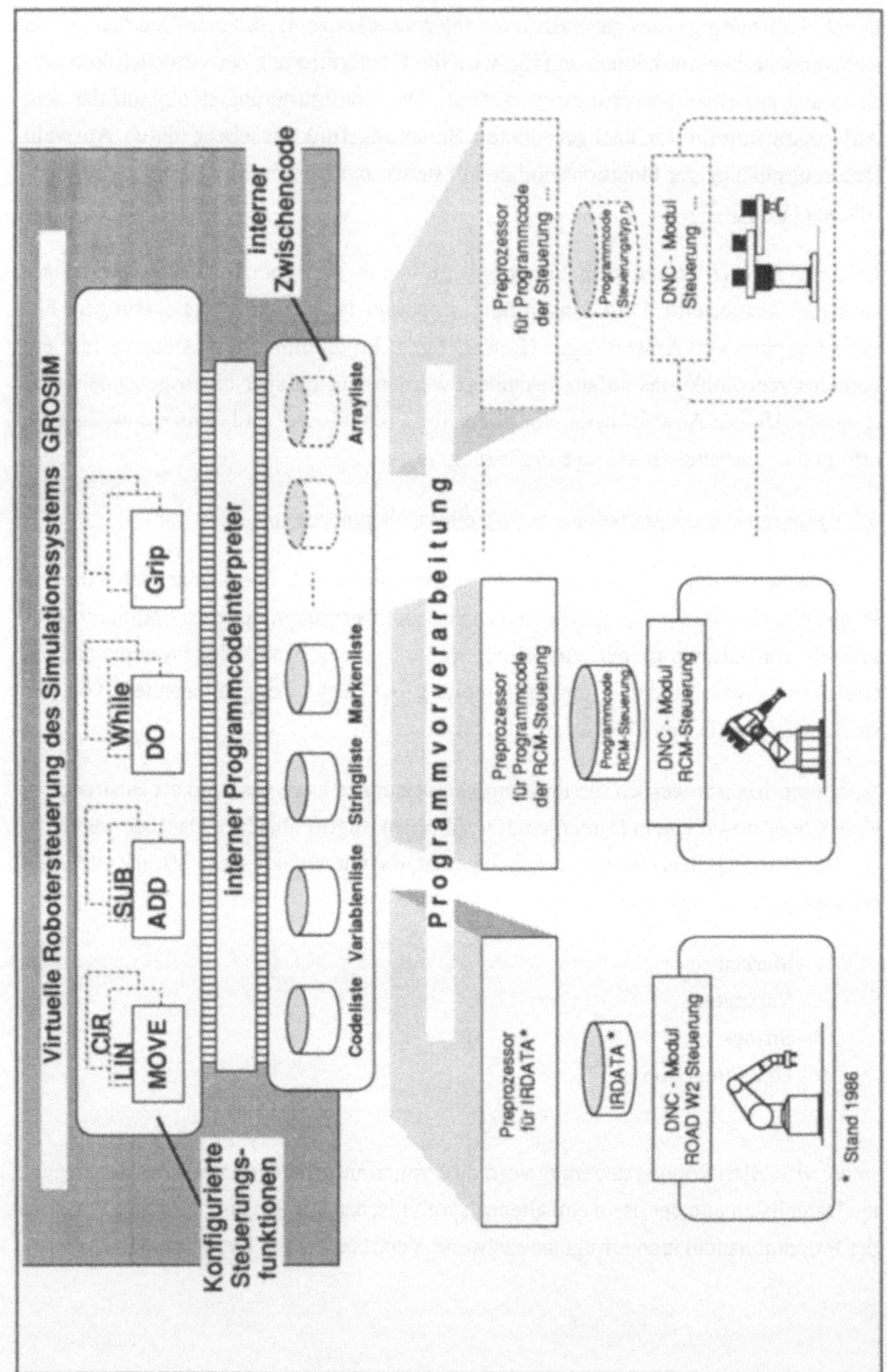

Bild 5-43: Roboterprogrammverarbeitung in "virtueller Steuerung"

Um dem Anwender den Bezug zu seinem lesbaren Steuerungsprogrammcode zu erhalten, sind in der Codeliste Verweise auf die zugehörige Anweisung des Steuerungsprogramms eingetragen.

5.5.2 Positionsdatenverarbeitung

Der Befehlsinterpreter des GROSIM-Systems ist so aufgebaut, daß Anwendungsprogramme in der virtuellen Steuerung mit direkter oder mit indirekter Positionsangabe verarbeitet werden können. Zur indirekten Positionsdatenbeschreibung kann das Simulationssystem Positionsdatenlisten den Anwendungsprogrammen zuordnen. In der Liste werden die Roboterpositionsdaten als kartesischen Frames mit einem Namen verwaltet. Dieser Name ist das Bindeglied zum Anwendungsprogramm. Auf diese Weise können Anwendungsprogramme mit z.B. geteachten Referenzpunktdaten aus der Roboterzelle verknüpft werden.

Hier am Beispiel eines Roboterprogramms in der Programmiersprache ROBEX-M /50/ wird die indirekte Positionsangabe über Frames in einer Positionsdatenliste gezeigt (Bild 5-44).

Handhabungsprogramm

```
Jan  26   12:20   1987    place.in          Page 1
* ROBEX-M *   WZL - RWTH Aachen     IBM-PC/XT /AT   Rev. 87.1.26

        PARTNO / PLACE
             F_PICK/ TEACH
             F_PLACE/ TEACH
        $  Main program
                   OPENGR
                   FEDRAT  /  PATH,  45
                   COMOVE  /  F_PICK
                   CPMOVE  /  DELTA,0,0,-230
                   CLOSEGR
                   CPMOVE  /  DELTA,0,0,230
                   MOVE  /  F_PLACE
       FINI
```

Positionsdatenliste

```
F_PICK    720.0 -280.0  1000.0
          0.0    180.0  0.0      0   F
F_PLACE -300.0  600.0   920.0
          0.0    180.0   0.0     0   F
```

Bild 5-44: Programmcode und Positionsdatenliste

5.5.3 Emulation von Sensor- und Peripheriesignalen

Typischerweise werden Industrieroboter in komplexen Fertigungs- und Montagezellen eingesetzt, so daß zwangsläufig ein intensiver Signalaustausch von Peripheriegeräten und Sensoren stattfindet. Die Nachbildung dieses Signalaustausches stellt eine besondere Anforderung an das Simulationssystem dar, denn der Signalzustand der Peripheriegeräte bzw. der Steuerungen und der Sensoren ist während der Bewegungsausführung nicht bekannt.

Möchte man dennoch die verschiedenen Reaktionen eines Anwenderprogrammes auf die Signalzustände nachbilden, so muß der Anwender Signalzustände während der Simulation setzen (Bild 5-45). So können unterschiedliche Ausführungszweige getestet und die Reaktion des Programms auf die diversen Signalzustände überprüft werden. Hierbei muß das Programm in Einzelschritten ausgeführt werden. Wenn ein Sensor- oder ein Peripheriesignal benötigt wird, kann der Anwender mit einem entsprechenden Menü den Wert dieses Signals interaktiv am Bildschirm definieren.

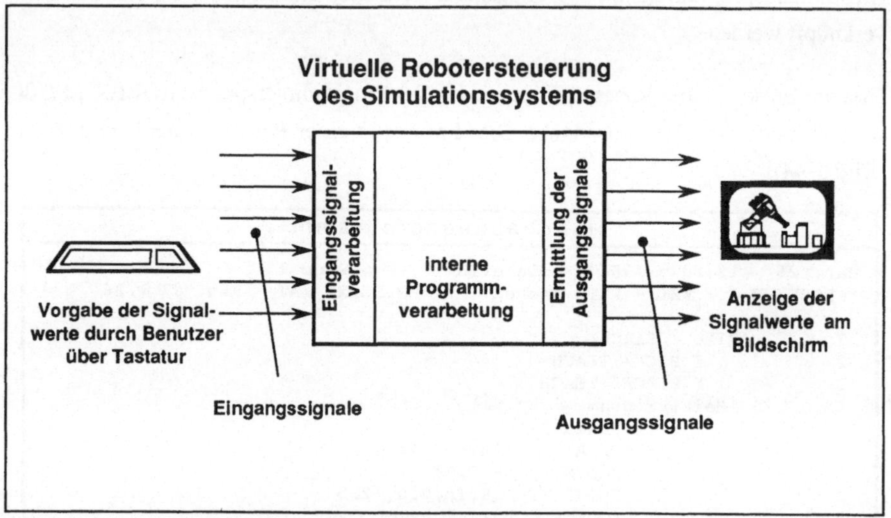

Bild 5-45: Emulation von Sensor- und Peripheriesignalen

6. Einsatz und Erfahrungen mit dem Simulationssystem GROSIM

Mit dem Simulationssystem GROSIM ist ein konfigurierbares, steuerungsorientiertes Testwerkzeug geschaffen, welches ermöglicht, auf Basis von Modellen die Aufgaben von Industrierobotern zu testen und zu optimieren. Zellen-, Steuerungs- und Aufgabenbeschreibung bilden die drei Datenbasen für die steuerungsorientierte Simulation von Industrieroboterapplikationen. Das textuelle Roboterprogramm enthält die Aufgabenbeschreibung des Industrieroboters. Die Testfunktionen ermöglichen, offline erstellte Programme auf ihre Ausführbarkeit mit dem ausgewählten Roboter- und Steuerungstyp zu überprüfen. Dabei hat der Benutzer die Möglichkeit, durch freie Wahl von Betrachterstandpunkt, Bildausschnitt und Perspektive die programmierten Roboteroperationen einer visuellen Kontrolle am Grafikbildschirm zu unterziehen /71/. Darüber hinaus wird der Benutzer durch grafische und textuelle Ausgaben über den aktuellen Systemzustand des simulierten Robotersystems informiert (Bild 6-1).

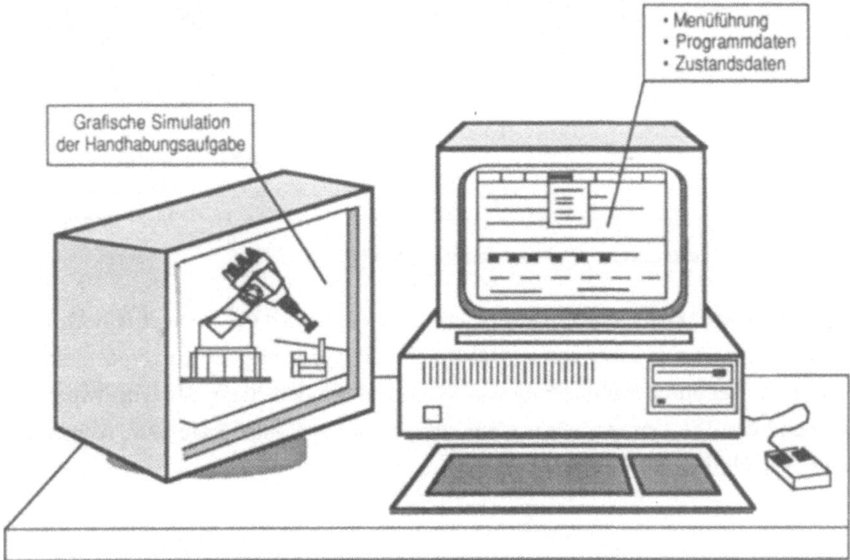

Bild 6-1: Rechnerarbeitsplatz des Simulationssystems GROSIM

6.1 Modellierung von Industrieroboterzellen

Basis für die grafische Simulation der Steuerungsprogramme für Industrieroboter sind die Modelle, die die geometrischen und kinematischen Daten von Roboter und Zelle beschreiben. Aufgebaut werden sie während der Modellierungsphase durch den Anwender. Mit Hilfe des Modelleditors MED kreiert er am Grafikbildschirm, vom System menügeführt, vollständige Modelle von Industrierobotern und ihren Arbeitszellen /72/.

Die einzelnen Arbeitsschritte sollen hier am Beispiel eines 6-achsigen Robotermodells aufgezeigt werden (Bild 6-2). Die Modellierung des Roboters beginnt zunächst mit der Festlegung eines allgemeinen Roboterbeschreibungselements. Es enthält Daten über den Robotertyp, seine kinematischen Eigenschaften, sowie die Anzahl der zugehörigen Roboterachsen. Anschließend erfolgt die Beschreibung der kinematischen Anordnung der Roboterachsen und der geometrischen Daten der zugehörigen Achskörper.

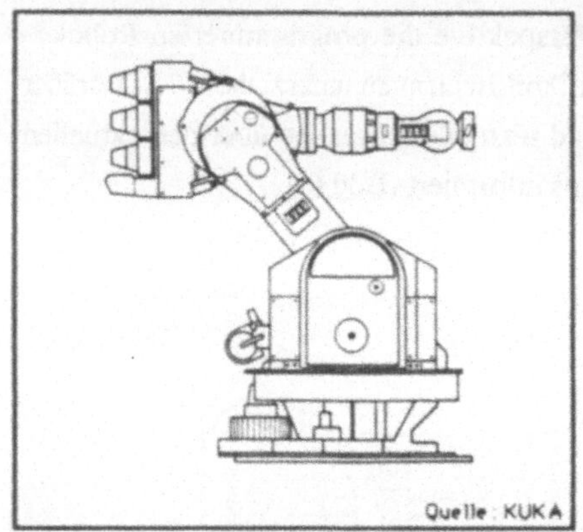

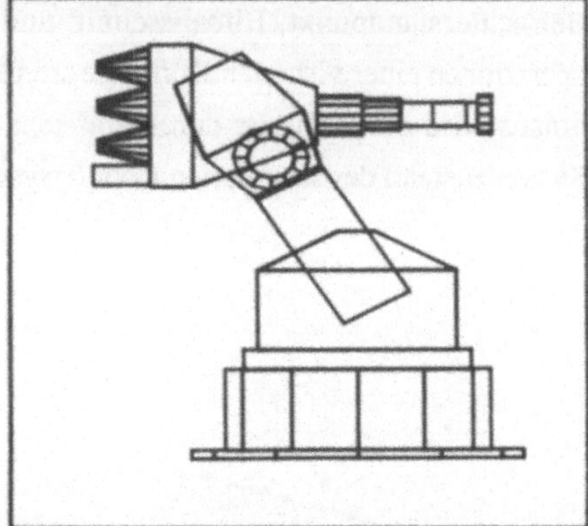

Bild 6-2: Industrieroboter und Simulationsmodell

Die Achskörper können hierzu aus Grundkörperelementen des Geometriemodells (Bild 5-7) stückweise zusammengesetzt werden. Zur Beschreibung der Körpergeometrie wird dem Benutzer durch Einblendung von Symbolen die Bedeutung der Eingabeparameter verdeutlicht. Die Körperabmessungen werden durch Kantenlänge bzw. Körperradien und die Höhe beschrieben.

Die Modellierung der kinematischen Struktur des Roboters erfolgt achsweise, ausgehend vom raumfesten Grundkoordinatensystem der Zelle. Über das Basiskoordinatensystem des Robotermodells erfolgt die Plazierung des Roboters in seiner Zelle. Anschließend kann durch Festlegung der räumlichen Verschiebungen und Drehungen Achse für Achse die kinematische Kette des Industrieroboters abgebildet werden (Bild 5-5).

Während der Modellierungsphase wird der Benutzer des MED vom System über die aktuelle Modellstruktur durch ein hierarchisch gegliedertes symbolisches Modellabbild informiert (Bild 6-3). Durch Anwählen einzelner Symbole können in der Model-

lierungsphase einzelne Modellelemente und -gruppen gezielt erzeugt, verändert oder gelöscht werden.

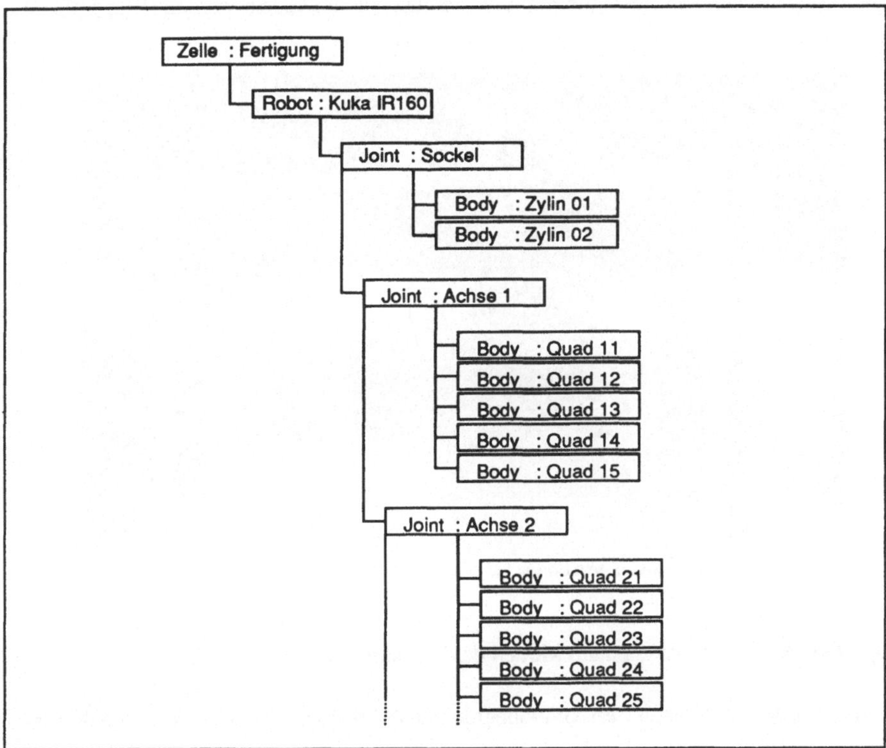

Bild 6-3: Symbolische Darstellung der Modellstruktur während der Modellierung

6.2 Layoutprüfung

Vor dem Entwurf von Offline- Programmen für die Robotersteuerung muß geklärt werden, ob eine geplante Aufgabe in der vorgesehenen Zelle mit der gewählten Roboter- und Anlagenkonfiguration sinnvoll ausgeführt werden kann. In einer Layout- Testphase ist zu untersuchen, ob die Anordnung der einzelnen Komponenten so gewählt ist, daß alle Handhabungspunkte vom Industrieroboter erreicht werden können und somit eine erfolgreiche Durchführung der Aufgaben möglich ist. Die Einschätzung des Arbeitsraumes ist besonders bei Industrierobotern mit sechsachsigen Bewegungsmöglichkeiten kompliziert und erfordert grafische Hilfsmittel.

Das Simulationssystem GROSIM hat die Möglichkeit, die notwendigen Bewegungsoperationen des Industrieroboters in der Zelle von einem zum anderen Punkt abzufahren. Ebenfalls kann das System die Bewegungsspur des Roboters im dreidimensionalen

Raum aufzeichnen. Auf diese Weise kann der benötigte Bewegungsraum des Industrieroboters von verschiedenen Ansichten her untersucht und mögliche Kollisionsräume auch ohne aufwendige Bewegungsstudien ausführlich untersucht werden (Bild 6-4).

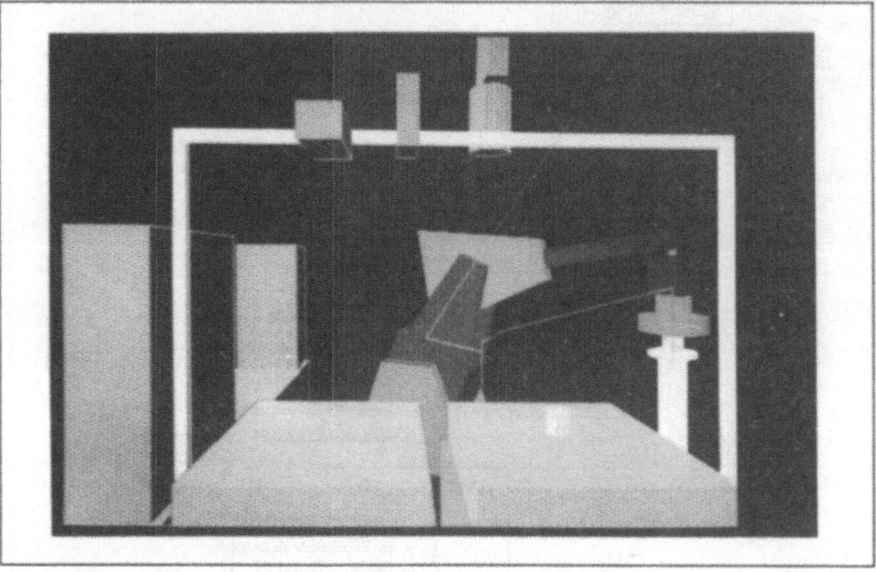

Bild 6-4: Arbeitsraumstudien am Modell des Industrieroboters

Falls erforderlich können Zellkomponenten verschoben werden bis eine optimale Plazierung erfolgt ist, so daß die geplante Handhabungsaufgabe mit dem Industrieroboter ausgeführt werden kann. Muß die Eignung des gewählten Industrieroboters grundsätzlich in Frage gestellt werden, besteht die Möglichkeit, einen anderen Industrieroboter aus der Modellbibliothek auszuwählen und ihn in der geplanten Applikation am Bildschirm zu testen.

Auf diese Weise wird es möglich, das Investitionsrisiko frühzeitig zu verringern und die konkrete Entscheidung für oder gegen einen bestimmten Industrieroboter zu erleichtern. An Stelle von groben handgefertigten Zeichnungen treten jetzt steuerungsspezifische Tests in der Planungsphase auf, die die geplante Zelle als Modell bis ins Detail in seinen Abläufen nachbilden können.

6.3 Ausführungsprüfung des IR-Steuerungsprogramms

Zentrale Aufgabe der Programmsimulation ist es, ausführbare kollisionsfreie Anwendungsprogramme zu erzeugen. Hierbei ist die Ausführbarkeit der programmierten Bewegungszyklen grafisch am Bildschirm auf Basis der 3D - Modelle zu überprüfen. In

Verbindung mit den Signalzuständen der Peripheriegeräte ist die logische Reihenfolge der Roboteraktionen einem ausführlichen Test zu unterziehen.

Der Ablauf der programmierten Funktionen muß in Verbindung mit den vorgesehenen Signalzuständen in der Roboterzelle getestet werden. Zusätzlich hat die Überprüfung der Verfügbarkeit der einzelnen, für die Handhabungsaufgabe relevanten Werkstücke zu erfolgen. Die Werkstücke müssen zur richtigen Zeit am richtigen Ort verfügbar sein. Die Greifoperationen müssen zum richtigen Zeitpunkt definiert sein. Das Ankoppeln von Wechselgreifern, das Einschalten der Werkzeugkorrekturen bzw. der Nullpunktkorrekturen muß zur Optimierung des Programms getestet werden. Zur Unterstützung der Programmausführungsprüfung bietet das Simulationssystem Anzeigefunktionen, die zu jedem Zeittakt die räumliche Stellung des Tool - Center - Points des Industrieroboters mit seiner Position und Orientierung angibt (Bild 6-5).

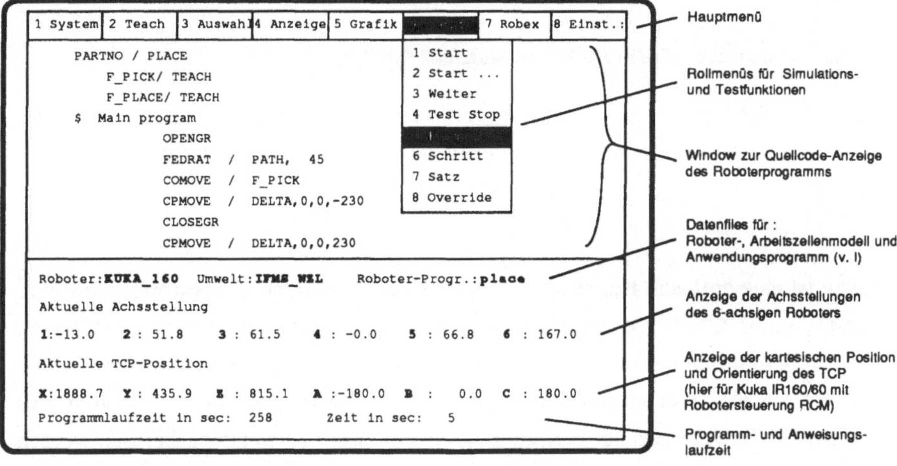

Bild 6-5: Menüführung und Anzeigefunktionen des GROSIM-Systems

Zusätzlich werden die relativen Achspositionen des Industrieroboters angezeigt. Wie beim realen Industrieroboter werden die maximalen Bewegungsgrenzen der einzelnen Achsen, wie ihre maximalen Achsbeschleunigungen und -geschwindigkeiten überwacht. Neben den achsspezifischen Parametern werden auch bahnorientierte Programmparameter und Grenzwerte überprüft, wie z.B. die maximal zulässige Bahngeschwindigkeit bzw.-beschleunigung.

Ist darüber hinaus der benutzte Industrierobotersteuerungstyp bekannt, so bietet das Simulationssystem GROSIM steuerungsspezifische Debugfunktionen zum ausführlichen Programmtest an. Hierzu enthält das Steuerungsmodell verschiedene

Debugfenster, in denen die Wirkung des Programms in den steuerungsinternen Speicherstrukturen angezeigt wird, um die Programmverarbeitung in den steuerungsinternen Datenformaten zu verfolgen. Auf diese Weise kann der Anwender die Programmdatenverwaltung auf Steuerungsebene im Simulationssystem verfolgen. Die auf Steuerungsebene verfügbaren Programmparameter, Variablenspeicher, Merkerspeicher sowie die binären Ein - und Ausgänge einer realen Steuerung sind im Simulationssystem GROSIM logisch nachgebildet.

Wird eine Programmanweisung ausgeführt, so werden die programmierten Parameter in der virtuellen Steuerung des Simulationssystems verarbeitet und in dem Debugfenster angezeigt. Durch die Darstellung der logischen Programmverarbeitung in der Robotersteuerung können die Verkettung von Programm, Peripherie - und Sensorsignal verfolgt und falls notwendig so verändert werden, daß der geplante Handhabungsablauf in der Zelle erfolgreich ausgeführt wird.

6.4 Praktisches Beispiel zur Programmdatengenerierung

Die praktische Vorgehensweise zur Programmdatengenerierung für einen Industrieroboter soll im folgenden an einem Anwendungsbeispiel aus dem Aufgabenbereich des Integrierten Fertigungs- und Montagesystems (IFMS) des WZL dargestellt werden (Bild 6-6).

Hierzu ist eine einfache Handhabungsaufgabe des 6-achsigen Knickarmroboters zum Beladen einer CNC-Drehmaschine mit Rohteilen ausgewählt. Für die diversen Handhabungsaufgaben im IFMS ist der Knickarmroboter mit einem automatischen Greiferwechselsystem ausgestattet. Vier Greifer ermöglichen das Handhaben des gesamten Teilespektrums der Fertigungszelle. Für dieses Anwendungsbeispiel werden nur der zweiachsige Schraubstockgreifer und der Zangengreifer eingesetzt.

In der Ausgangsposition dieses Programmbeispiels ist der zweiachsige Schraubstockgreifer (NC-Greifer) am Roboterflansch angekoppelt. Folgende Aufgabenschritte sind im Handhabungsprogramm zu definieren:

1. Rohteil mit zweiachsigem Schraubstockgreifer von der Palette nehmen
2. Rohteil auf der Zwischenablage abstellen
3. Zweiachsigen Schraubstockgreifer (NC-Greifer) in seiner Halterung absetzen
4. Zangengreifer aufnehmen
5. Rohteil von der Zwischenablage greifen
6. Rohteil in die Drehmaschine einlegen

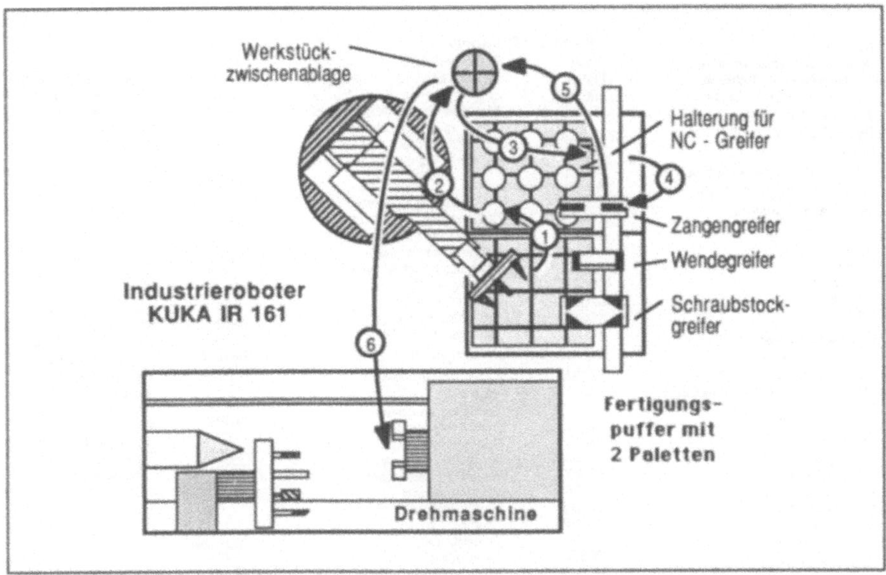

Bild 6-6: Aufgabenstellung aus dem IFMS

Zur Programmentwicklung wird das GROSIM-System zusammen mit dem ROBEX-M Offline-Programmiersystem eingesetzt. Es ermöglicht die textuelle Definition der Anwenderprogrammanweisungen in einer höheren Programmiersprache. In Verbindung mit den grafischen Teach-In Funktionen des GROSIM-Systems ist so eine integrierte Programmentwicklungsumgebung geschaffen /73, 74/.

Für den vom Robex-M-System erzeugten Programmcode ist ein Preprozessor zur Programmvorverarbeitung, gemäß dem in Kap. 5.5 beschriebenen Konzept, im GROSIM-System vorhanden. Darüber hinaus ist eine Virtuelle Steuerung verfügbar, die auf den Funktionsumfang der hier eingesetzten Industrierobotersteuerung RCM 3 konfiguriert ist.

Die Offline-Programmierung beginnt mit der Generierung eines ROBEX-M Testfiles mit dem Editor des Rechners. Syntax und Semantik der Anweisungen haben dabei der Sprachdefinition des ROBEX-M Systems zu entsprechen (Bild 6-7). Nach Abschluß der Programmerstellung wird das Roboterprogramm mit Hilfe des ROBEX-M Compilers übersetzt. Dabei wird eine lexikalische und syntaktische Prüfung der Programmanweisungen vorgenommen und für fehlerfreie ROBEX-M Programme ein Steuerungscode erzeugt.

Variablen

Beliebige Länge ohne Leerzeichen, beginnend mit einem Buchstaben.
VAR Vereinbarung der Variablen

INTEGER, REAL, MATRIX, POINT, FRAME, BOOLEAN, STRING.

Felder

1, 2, oder 3-dimensional eines beliebigen Variablentyps. Index in Klammern.

Arithmetische Operatoren

=	Variablenzuweisung
+	Addition
-	Subtraktion
*	Multiplikation
/	Division
**	Exponentation

Logische Operatoren

AND	Logisches 'UND'
OR	Logisches 'ODER'
EXOR	Logisches 'exklusives ODER'
NOT	Logsches 'NICHT'

Vergleichsoperatoren

=	Gleich
<>	Ungleich
<	Kleiner als
>	Größer als
<=	Kleiner - Gleich
>=	Größer- Gleich

Compileranweisungen

OPTION	Steuerung der Übersetzung
CRDON	Zeilennummern in IRDATA
INCLUD	Externe Quelltexte einbinden
PRINT	Compilerkontolldruck

Geometrische Definitionen

POINT	Positionsdefinition
FRAME	Definition einer Pos. u. Orientierung
MATRIX	Definition einer Koordinatentransformation
TRASYS	Koordinatentransformationsanwahl
ORIGIN	Werkzeugkorrekturnummer
TEACH	TEACH-IN Vorgabe
HERE	Aktuelle Positionsvorgabe

Bewegungsanweisungen

MOVE	PTP-Bewegung (kartesisch)
CPMOVE	CP-Bewegung (Linearinterpolation)
COMOVE	CP-Bewegung (linearinterpolation, konstante Orientierung)
DRIVE	Bewegung in Roboterkoordinaten
COCIRC	Zirkularinterpolation
CPCIRC	Zirkularinterpolation
HOME	Referenzpunktfahrt
WISTAT	Winkelstatus des TCP

Technologische Anweisungen

FEDRAT	Geschwindigkeitsvorgabe
RAPID	Eilgang
ACCEL	Bewegungszeitvorwahl
DECEL	Beschleunigungsvorgabe
DELAY	Verzögerungsvorgabe
MACHIN	Angabe des Zielroboters
ARMNO	Anwahl des Roboterarmes
TOOLNO	Werkzeugauswahl
CLOSGR	Greifer schließen
OPENGR	Greifer öffnen
STOP	unbedingter Halt
OPSTOP	Bedienerhalt
DEALY	Wartezeitvorgabe
WAIT	Warten auf ein digitales Eingangssignal
INSERT	Roboterspezifische Steueranweisungen
SMOOTH	Überschleifen
TEXT	Textausgabe

Sensoranweisungen

EVENT	Binäres Eingangssignal lesen
SWITCH	Binäres Ausgangssignal setzen
RECEIVE	Sensordaten einlesen
SEND	Sensordaten ausgeben, bitseriell

Programmtechnische Anweisungen

PARTNO	Programmbegin
FINI	Programmende
IF	Logische Verzweigung
DO	Schleifenanweisung
DOEND	Schleifenende
REPEAT	Bedingte Wiederrholung
UNTIL	Wiederholungsende
CASE	Sprungverteiler
SUBRTN	Unterprogrammdefinition
RETURN	Programmblockende
CYCLE	Zyclenbearbeitung
JUMP	unbedingter Sprung
NOP	Leere Operation
INTRPT	Interruptdefinition
PARBEG	Beginn Parallelausführung
PAREND	Ende Parallelausführung
TASK	Taskdefinition

Allgemeines

$$	Kommentardefinition
$	Anweisung wird in der nächsten Zeile fortgesetzt
UNIT	Einheitenangabe

Bild 6-7: Sprachumfang des Robex-M Programmiersystems /50/

Die vorliegenden Steuerdaten des Roboterprogramms werden während der anschließenden Simulation ausgewertet und die Bewegungsoperationen des Roboters je nach programmierten Geschwindigkeitsparametern bzw. eingestelltem Zeitraster in eine dynamische Folge von Einzelbildern aufgelöst.

Durch wiederholtes Testen der Gesamtprogramme oder einzelner Sequenzen eventuell in unterschiedlichen Ansichten können so Programmierfehler wie z.B. Kollision des Roboters mit seiner Umwelt erkannt werden. Das stark abstrahierte Geometriemodell der Zelle ist so entworfen, daß die Modellkörper die komplexere reale Körpergeometrie immer umhüllen. So ist sichergestellt, daß auch in ungünstigen Fällen mögliche Gefahren während der visuellen Kollisionskontrolle erkannt werden können.

Durch zyklisches Durchlaufen von Editieren und Simulieren kann ein vollständiges Roboterprogramm offline schrittweise optimiert werden. Die Verwendung von Referenzpositionen aus der Zelle und kalibrierter Modelle kann die Ausführbarkeit der entwickelten Programme in hohem Maße gewährleistet werden.

Neben diesen Bewegungs- und Handhabungsoperationen des Industrieroboters ist zusätzlich die Synchronisierung der beteiligten IFMS-Fertigungskomponenten erforderlich. So darf der Industrieroboter nur dann Teile in das Futter der Drehmaschine einlegen, wenn

- kein Bearbeitungsvorgang in der Drehmaschine ausgeführt wird,
- die Tür zum Arbeitsraum der Drehmaschine geöffnet ist und
- die Backen des Drehmaschinenfutters richtig eingestellt sind.

Diese informationstechnische Kopplung (Bild 6-8) der IFMS- Fertigungskomponenten erfolgt mit Hilfe freiprogrammierbarer Ein- /Ausgänge der Industrierobotersteuerung bzw. der PLC's von Drehmaschine und zweiachsigem Schraubstockgreifer.

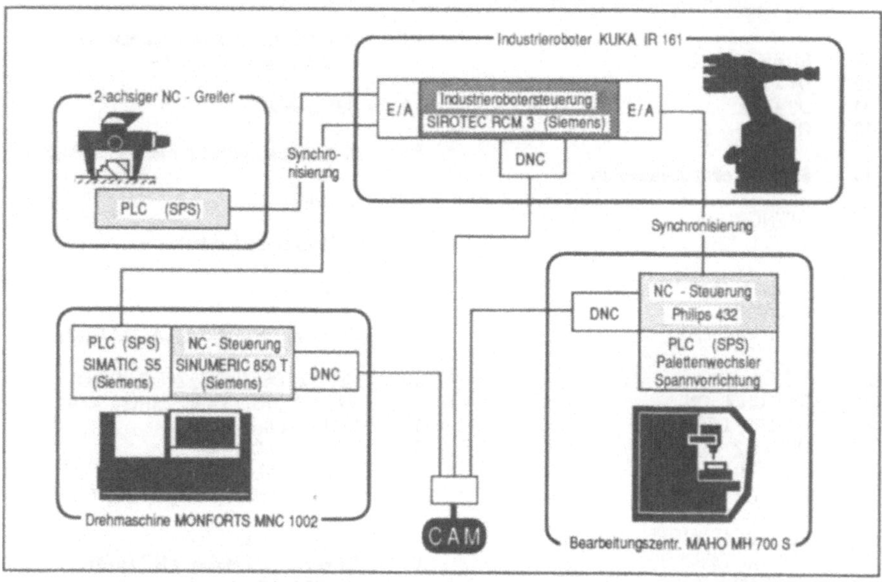

Bild 6-8 Informationstechnische Einbindung der Zellkomponenten des IFMS

Nach Abschluß dieser Offline-Programmentwicklungs- und Testphase kann das Roboterprogramm in die Robotersteuerung übertragen werden. Diese Übermittlung des Roboterprogramms vom Programmierarbeitsplatz zur Robotersteuerung erfolgt mittels einem gesicherten Datenübertragungsprotokoll (hier: DIN 66266-LSV2 Protokoll) zur Quellcodeschnittstelle der Robotersteuerung .

Tabelle 6-1 zeigt das vollständige und kommentierte Anwenderprogramm zur Lösung dieser Aufgabenstellung aus der Praxis.

<u>Tabelle 6-1</u>: Anwenderprogramm in der Programmiersprache Robex-M

```
PARTNO / 'HP40'
CRDON
VAR/XPOS, YPOS, ZPOS, VAR4, VAR5,
VAR6, POS_BAS, POS_MIN : REAL
VAR/D1, D2 : INT
OPTION/IRD

$$ Nullpunktkorrektur vorbesetzen

ORIGIN/0

$$ Unterprogramm 25 zur Initialisierung
NC_GRF

SUBRTN/UP25
D1 = +12
D2 = +12
OPSTOP

$$ NC-Greifer initialisieren

OPENGR/1
TEXT/1, '255'
SWITCH/4, ON
WAIT/10, OFF
DELAY/5
SWITCH/4, OFF
DELAY/2
TEXT/1, 'D1'
SWITCH/4, ON
WAIT/10, OFF
DELAY/2
SWITCH/4, OFF
DELAY/2
TEXT/1, 'D2'
SWITCH/4, ON
WAIT/10, OFF
DELAY/2
SWITCH/4, OFF
ENDE)RETURN

$$ Meldung an Monforts

SWITCH/8,IA

$$ Herstellen der Satzkoinzidenz

HERE/XPOS, YPOS, ZPOS, XYROT,
VAR4, YZROT, VAR5, ZXROT, VAR6
WISTAT/0
MOVE/XPOS, YPOS, ZPOS, XYROT,
VAR4, YZROT, VAR5, ZXROT, VAR6
POS_BAS = 0.0
POS_MIN = 20.0

$$ Meldung der Monforts "Programmstop"
und "Tuer auf" abwarten

WAIT/15, ON
WAIT/16, ON

$$ Werkzeugkorrektur fuer NC-Greifer
anwaehlen

TOOLNO/4

$$ Sicherheitsposition anfahren

MOVE/668.9, -60.3, 1378.3, XYROT,
28.716, YZROT, 0.921, ZXROT, 179.924
ZPOS = 1378.3

$$ Aufruf des Unterprogramms zur
Pruefung der Werkstuecke

CALL/UP25

$$ Nullpunktkorrektur fuer rechte Palette

ORIGIN/1

$$ Meldung an Monforts

SWITCH/8, IA

$$ Positionskorrektur fuer NC-Greifer

HERE/XPOS, YPOS, ZPOS, XYROT,
VAR4, YZROT, VAR5, ZXROT, VAR6
XPOS = 0.0
XPOS = XPOS - 4.0
YPOS = 0.0
CPMOVE/XPOS, YPOS, ZPOS, YZROT, -
0.921

$$ Warten auf Meldung NC-Greifer
"Vorpositionierung o.k."

WAIT/10,OFF

$$ Fahrt zur Pos., um 1. Teil zu greifen, mit
Geschwindigkeitsreduzierung

CPMOVE/XPOS, YPOS, POS_MIN,
YZROT, 0.921
FEDRAT/OVR, 30
CPMOVE/XPOS, YPOS, POS_BAS

$$ Teil greifen und Rueckmeldung vom NC-
Greifer abwarten

CLOSGR/1
DELAY/10
WAIT/10, OFF

$$ wieder hochfahren

CPMOVE/XPOS, YPOS, POS_MIN
```

```
73   FEDRAT/OVR, 80
74   CPMOVE/XPOS, YPOS, 230.0

75   $$ Meldung an Monforts

76   SWITCH/8, IA

77   $$ Nullpunktkorrektur fuer die
     Zwischenablage

78   ORIGIN/8

79   $$ Sicherheitsposition ueber Zwischenpunkt
     anfahren

80   FEDRAT/OVR, 50
81   WISTAT/32
82   MOVE/61.5,-1078.6, -33.8, XYROT, 27.4,
     YZROT, 0.003, ZXROT, 179.757
83   XPOS = 0.0
84   XPOS = XPOS -2.3
85   YPOS = 3.6
86   ZPOS = 220.1
87   CPMOVE/XPOS, YPOS, ZPOS, XYROT,
     27.606, YZROT, 0.125, ZXROT, 179.821

88   $$ Meldung an Monforts

89   SWITCH/8, IA

90   $$ Position anfahren, um Teil abzulegen

91   HERE/XPOS, YPOS, ZPOS, XYROT,
     VAR4, YZROT, VAR5, ZXROT, VAR6
92   WISTAT/0
93   CPMOVE/XPOS, YPOS, POS_MIN
94   FEDRAT/OVR, 30
95   CPMOVE/XPOS, YPOS, POS_BAS

96   $$ Teil ablegen, Rueckmeldung vom NC-
     Greifer abwarten und Signal zuruecknehmen

97   OPENGR/1
98   DELAY/10
99   WAIT/10, OFF

100  $$ wieder hochfahren

101  CPMOVE/XPOS, YPOS, POS_MIN
102  FEDRAT/OVR, 80
103  CPMOVE/XPOS, YPOS, 250.0
104  CLOSGR/1
105  ORIGIN/0

106  $$ Sicherheitsposition anfahren

107  MOVE/502.7, 112.8, 2689.1, XYROT, -
     65.81, YZROT, 1.122, ZXROT, -0.482

108  $$ Startposition fuer Greiferwechsel
     anfahren

109  XPOS = 999.9
110  YPOS = 604.7
111  ZPOS = 2503.1
112  MOVE/XPOS, YPOS, ZPOS, XYROT,
     149.866, YZROT, 0.324, ZXROT, -0.193

113  $$ Grob- und Feinabstimmung fuer
     Greiferwechselposition und Position
     anfahren

114  HERE/XPOS, YPOS, ZPOS, XYROT,
     VAR4, YZROT, VAR5, ZXROT, VAR6
115  XPOS = XPOS + 600.0
116  XPOS = XPOS - 60.0
117  CPMOVE/XPOS, YPOS, ZPOS
118  FEDRAT/OVR, 30
119  XPOS = XPOS + 57.0
120  CPMOVE/XPOS, YPOS, ZPOS

121  $$ Greifer ablegen und Rueckmeldung des
     NC-Greifers abwarten

122  OPENGR/2

123  $$ Ruecknahme der Werkzeugkorrektur
     fuer den NC-Greifer

124  TOOLNO/1
125  WAIT/3, OFF
126  WAIT/32, ON

127  $$ runter fahren

128  ZPOS = ZPOS - 360.0
129  CPMOVE/XPOS, YPOS, ZPOS
130  FEDRAT/OVR, 80
131  ZPOS = ZPOS - 70.0
132  CPMOVE/XPOS, YPOS, ZPOS

133  $$ Ausgangsposition fuer Zangengreifer
     holen anfahren

134  XPOS = 1592.3
135  YPOS = 204.9
136  ZPOS = 1972.9
137  MOVE/XPOS, YPOS, ZPOS, XYROT,
     149.879, YZROT, 0.073, ZXROT, -0.084

138  $$ Zangengreiferposition anfahren

139  HERE/XPOS, YPOS, ZPOS, XYROT,
     VAR4, YZROT, VAR5, ZXROT, VAR6
140  ZPOS = ZPOS + 170.0
141  CPMOVE/XPOS, YPOS, ZPOS
142  FEDRAT/OVR, 30
143  ZPOS = ZPOS + 30.0
144  CPMOVE/XPOS, YPOS, ZPOS

145  $$ Zangengreifer nehmen und Rueckmeldung
     abwarten

146  CLOSGR/2
```

```
147  $$ Werkzeugkorrektur fuer Zangengreifer

148  TOOLNO/5
149  WAIT/3, ON
150  WAIT/32, OFF

151  $$ zurueckfahren

152  XPOS = XPOS - 100.0
153  ZPOS = ZPOS + 617.5
154  CPMOVE/XPOS, YPOS, ZPOS
155  FEDRAT/OVR, 80
156  XPOS = XPOS - 400.0
157  CPMOVE/XPOS, YPOS, ZPOS

158  $$ Zangengreifer oeffnen und Luftzufuhr
     fuer Zangengreifer freigeben

159  OPENGR/1
160  SWITCH/37, ON

161  $$ Sicherheitsposition anfahren

162  MOVE/502.7, 112.8, 2689.1, XYROT, -
     65.81, YZROT, 1.122, ZXROT, -0.482

163  $$ Nullpunktkorrektur fuer Zwischenablage
     aktivieren

164  ORIGIN/8

165  $$ Ausgangsposition, um Teil von
     Zwischenablage zu holen ueber eine
     Zwischenposition anfahren

166  WISTAT/24
167  MOVE/-411.1, -578.6, 2273.4, XYROT,
     161.272, YZROT, 3.24, ZXROT, 22.074
168  XPOS = 63.8
169  YPOS = 0.0
170  YPOS = YPOS - 140.2
171  WISTAT/8
172  MOVE/XPOS, YPOS, 211.3, XYROT, -
     152.68, YZROT, -29.081, ZXROT, 90.13

173  $$ anfahren

174  XPOS = 67.5
175  YPOS = 0.0
177  YPOS = YPOS - 140.2
178  ZPOS = 0.0
179  ZPOS = ZPOS - 65.9
180  FEDRAT/OVR, 30
181  WISTAT/0
182  CPMOVE/XPOS, YPOS, ZPOS

183  $$ Teil von Zwischenablage nehmen

184  CLOSGR/1
185  DELAY/15
186  $$ hochfahren

187  FEDRAT/OVR, 30
188  ZPOS = ZPOS + 20.0
189  CPMOVE/XPOS, YPOS, ZPOS
190  HERE/XPOS, YPOS, ZPOS, XYROT,
     VAR4, YZROT, VAR5, ZXROT, VAR6
191  ZPOS = ZPOS + 200.0
192  FEDRAT/OVR, 30
193  WISTAT/8
194  CPMOVE/XPOS, YPOS, ZPOS

195  $$ Ueberkopf in Monforts hinein schwenken,
     Nullpunktkorrektur fuer Backenfutter

196  MOVE/-724.2, -573.2, 1626.2, XYROT,
     32.687, YZROT, -70.673, ZXROT, -85.4
197  ORIGIN/6

198  $$ ueber Monforts

199  WISTAT/0
200  MOVE/-288.4, 270.0, 1387.4, XYROT, -
     6.764, YZROT, 58.019, ZXROT, 86.586

201  $$ vor Monforts

202  XPOS = 0.0
203  XPOS = XPOS - 260.0
204  YPOS = 2.7
205  ZPOS = 0.0
206  ZPOS = ZPOS - 10.0
207  WISTAT/8
208  MOVE/XPOS, YPOS, ZPOS, XYROT, -
     34.689, YZROT, 53.985, ZXROT, 129.316

209  $$ in Monforts hineinfahren

210  XPOS = 0.0
211  XPOS = XPOS - 88.5
212  CPMOVE/XPOS, YPOS, ZPOS

213  $$ Meldung an Monforts "Backen
     schliessen", Rueckmeldung abwarten

214  SWITCH/8, IA
215  WAIT/15, ON
216  DELAY/40

217  $$ Teil einlegen

218  OPENGR/1
219  DELAY/10

220  $$ zurueckfahren

221  FEDRAT/OVR, 80
222  XPOS = XPOS - 300.0
223  WISTAT/0
224  CPMOVE/XPOS, YPOS, ZPOS
```

```
225   $$ zurueck zur Sicherheitsposition und
      Nullpunktkorrektur ausschalten
226   MOVE/-256.3, 309.0, 1878.2, XYROT,
      23.788, YZROT, 33.557, ZXROT, 52.61
227   ORIGIN/0
228   MOVE/502.7, 112.8, 2689.1, XYROT, -65.809, YZROT,
      1.122, ZXROT, -0.481
229   $$ Meldung an Monforts "Bearbeitung kann
      beginnen"
230   SWITCH/8, IA
231   FINI
```

Die Auswertung von Steuerungsprogrammen für Industrieroboter in flexiblen Produktionssystem nach der Häufigkeit der vorkommenden Anweisungstypen zeigt, das die reinen Bewegungsanweisungen nur einen Bruchteil am Anweisungsumfang realen Steuerungsprogramme ausmachen. Im konkreten Beispiel wird dies mit nur ca. 21% am Gesamtanweisungsumfang (Bild 6-9) gezeigt. Es wird deutlich, das die Einbeziehung der programmierten Programmlogik sowie der Kommunikation in der Roboterzelle für eine umfassende Programmprüfung unumgänglich ist.

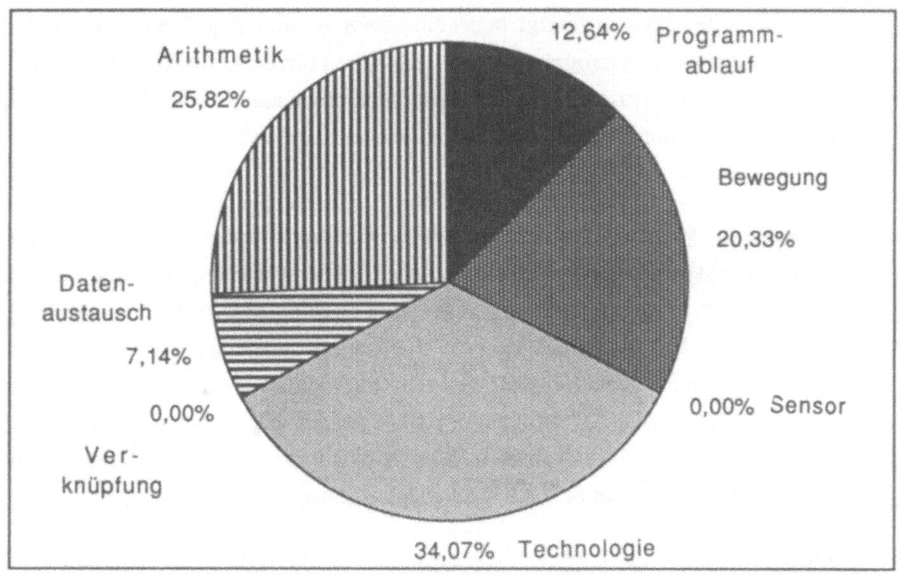

Bild 6-9 Anteil der Programmanweisungsgruppen am Roboterprogramm (Tab. 6-1)

Weiterhin weisen diese Zahlen darauf hin, das die reine Bewegungssimulation wie z.B. in CAD-Systeme nicht ausreichen kann, um einen steuerungsorientierten Test von Industrierobotern durchzuführen. Am Beispiel dieses Anwendungsfalls aus dem Aufgabenbereich des Integrierten Fertigungs- und Montagesystems (IFMS) des WZL wird deutlich, das die steuerungsorientierte Simulation von Roboterprogrammen erforderlich ist, um die wirtschaftliche Integration eines Industrieroboters in automatisierte Produktionssysteme zu ermöglichen.

7. Zusammenfassung und Ausblick

Computerunterstützte Arbeitsstationen zur Entwicklung und zum Test von Industrieroboterprogrammen ermöglichen eine werkstattorientierte Offline-Roboterprogrammierung mit weitgehender Reduzierung notwendiger Programmtests vor Ort. Ihre Testfunktionen ermöglichen eine Optimierung bzw. Korrektur der Ablaufreihenfolge und Ermittlung der notwendigen Zyklus- und Programmlaufzeiten für Industrieroboterprogramme.

Die Realisierung von Schnittstellen sowohl zur Werkstückbeschreibung als auch zur Übergabe des Programmcodes in die Industrierobotersteuerung ermöglicht den Einsatz der Testsysteme als flexible Systemkomponente und erleichtert die Integration in vorhandene Betriebsstrukturen.

Wie im praktischen Beispiel gezeigt, bietet die steuerungsorientierte Simulation von Industrieroboteranwendungsprogrammen, in Verbindung mit der textuellen Offline-Programmierung von Industrierobotern, die Programmentwicklungs- und Optimierungsphase weitgehend vom Produktionsprozeß zu trennen und somit die Stillstandszeiten erheblich zu senken.

Trotz dieser klaren Vorteile darf der erforderliche Zusatzaufwand zur Modellierung der Zellen und Kalibrierung der Modellgeometrie nicht übersehen werden. Auch müssen Referenzpunkte zur Programmierung von Werkzeugwechsel bzw. Werkstückübergabe ermittelt werden. Nur so können kleinste Ungenauigkeiten in der Aufstellung von Industrieroboter und Peripherie sowie Getriebespiel und Lose der Robotermechanik erfaßt und auf aufwendige Sensorik zu verzichtet werden. Nach einer Kollisionen der Robotermechanik mit seiner Peripherie oder Werkstücken müssen diese Daten neu bestimmt werden, um wieder präziese Referenzpunktdaten zur Verfügung zu haben.

Modelle für Kinematik, Geometrie, Steuerung und Technologie von Industrierobotern, Maschinen und Peripherieeinrichtungen müssen bereitstehen bzw. für neue Zellenkomponenten entwickelt werden. Die Konfigurierung eines neuen Steuerungsmodells erfordert detaillierteste Kenntnisse der Steuerung, die beim Anwender im Regelfall nicht verfügbar sind. Eine Betreuung des Anwenders durch entsprechende Systemhäuser zur Ergänzung von Robotermodellbibliothek und konfigurierten "virtuellen Robotersteuerungen" erscheint damit unerläßlich. Während die Modelle der Industrieroboter und -steuerungen vom Anwender nicht selbst erstellt werden können, erhält er mit Hilfe des Modelleditors die Möglichkeit, alle Maschinen und Peripheriekomponenten als Modell zu beschreiben und so das Zellenlayout seiner Industrieroboterapplikation rechnergestützt zu erstellen.

Durch das offene Systemkonzept des GROSIM-Systems ist aber auch gewährleistet, daß das System bei entsprechender Wartung an die zu erwartenden Weiterentwicklungen im Bereich des Programmanweisungsumfangs und der Steuerungsfunktionen ohne Änderung der grundlegenden Systemstruktur angepaßt werden kann.

Damit ist die Basis geschaffen, das GROSIM-System zukünftig als einen Baustein zum Programmausführungstest in wissensbasierten Roboterprogrammentwicklungssystemen einzusetzen. Ziel dieser Systeme ist eine automatische Generierung aufgabenorientierter Roboterprogramme. Der Anwender beschreibt dann nicht mehr, welche Programmlogik zur Steuerung des Industrieroboter erforderlich ist, sondern er definiert nur noch, welche Teile oder Werkstücke ein Roboter handhaben soll. Ausgangsbasis für die aufgabenorientierte Programmierung ist die detaillierte Produkt- und Umweltbeschreibung. Darauf aufbauend übernehmen die Planungsmoduln Aktions-, Greif-, Bahn- und Fügeplaner die Zerlegung der Aufgabe in ausführbare Steuerungsanweisungen (Bild 7-1) /27/.

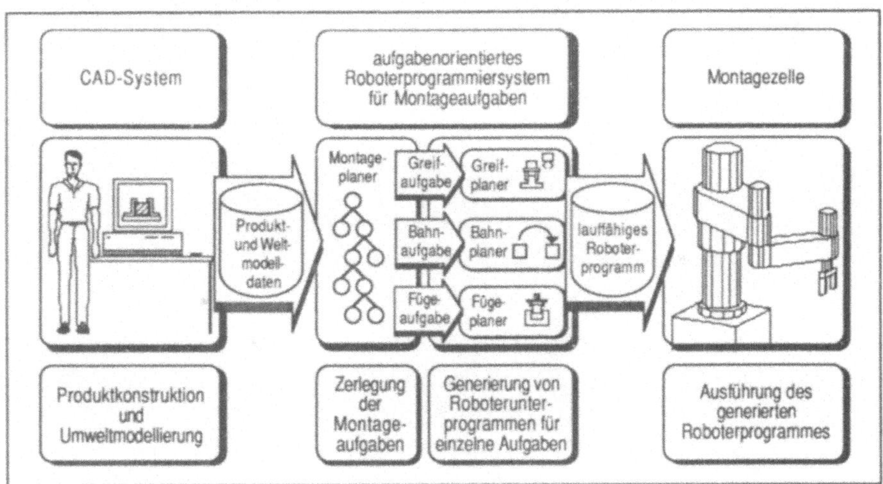

Bild 7-1: Aufgabenorientierte Roboterprogrammierung /27/

Basis für die Programmausführungsplanung ist die Bestimmung von kollisionsfreien Bewegungsbahnen des Industrieroboters. Die Planung von komplexen Bewegungen von 6-achsigen Industrierobotern stellt dabei eine rechenaufwendige Teilaufgabe dar. Bei detaillierten Modellgeometrien können z.Zt. auch besonders leistungsfähige Rechnersysteme erst nach zeitaufwendigen Berechnungen Ergebnisse ermitteln. Die stark abstrahierten Modelle des GROSIM-Systems geben hier die Möglichkeit, den notwendigen Rechenaufwand zu begrenzen und Ergebnisse in einem überschaubaren Zeitrahmen zu bestimmen.

Zur Realisierung solcher Systeme sind die Leistungsdaten von PC-Systemen heute kaum ausreichend, so daß für ihre Realisierung leistungsfähigere Systeme aus der Workstationklasse benötigt werden. Das modulare Systemkonzept des GROSIM-Systems und seine Realisierung in einer Hochsprache unterstützen eine mögliche Integration von GROSIM-Systemmoduln in ein solches System.

8. Schrifttum

/ 1/ Weck, M.; Niehaus, T.
Industrieroboterentwicklung in der Bundesrepublik Deutschland
Kongreßbeitrag KOMMTECH '86 (1986)

/ 2/ Kreis, W.; Grube, G.; Olschewski,U.
Montage- und Handhabungstechnik, Industrieroboter
VDI-Z 130 (1988), Nr. 4, S. 78 - 88

/ 3/ Milberg, J.
Entwicklungstendenzen in der flexibel automatisierten Montage
Flexible Automation 2/ 87

/ 4/ Hahn, R.
Montageautomation und Industrieroboter
ZwF 83 (1988) 9 S. 433

/ 5/ Eversheim,W.; Weck,M.; König, W.; Pfeifer, T.
Produktionstechnik auf dem Weg zu integrierten Systemen -
Neue Entwurfs- und Gestaltungsmethoden
AWK Aachener Werkzeugmaschinen-Kolloquium 1987
Tagungsband S. 204 - 246, VDI - Verlag

/ 6/ Doetsch, E.
Höhere Produktivität durch Verfahrensketten
Siemens Energie & Automation 8 (1986) Heft 5

/ 7/ Eversheim,W.; Weck,M.; König, W.; Pfeifer, T.
Produktionstechnik auf dem Weg zu integrierten Systemen -
CIM - Realisierungen mit modernen Steuerungskonzepten
AWK Aachener Werkzeugmaschinen-Kolloquium 1987
Tagungsband S. 165 - 203, VDI - Verlag

/ 8/ Maho - Euklid
Fachberichte für Metallbearbeitung, Vol. 64 No. 1, 1987

/ 9/ Off-Line auf dem Punkt
Roboter, September 1989, S. 28 - 32

/10/ Weck, M.
Werkzeugmaschinen
Band 1, 1988, VDI - Verlag

/11/ Die Halle 54 - eine neue Fertigungsphilosophie, die nicht nur den
Automobilbau revolutioniert
Flexible Automation 1/ 84, S. 23 - 30

/12/ Roboter nicht nur fürs Auto
Flexible Automation 2/ 87

/13/ Die Musik liegt in der Montage
Flexible Automation 1/ 87, S. 30 - 32

/14/ Schraft, R. D.
Stand der Robotertechnik im internationalen Vergleich
Kongreßbeitrag zum Aachener Kolloquium "Schweißen mit Robotern"
März 1987

/15/ Meisel, K. H.; Becker, P. J.
Mehrprozessorsteuerung für Roboter
Hard and Soft, September 1985, S. 21 - 24

/16/ Trends bei Robotersteuerungen
Robotertechnik, 1988, S. 18 - 20

/17/ Becker, H.; Remberg, R.
SIROTEC RCM3 - Robotersteuerung für neue Anwendungen
Siemens Energie & Automation 7 (1985) Heft 2, S. 177 - 179

/18/ Becker, H.; Kram, R.
Bewegungsachsen unter Kontrolle
Robotertechnik, 1986, S. 32 - 34

/19/ SIROTEC RCM3/RCM3.1
Beschreibung (1987)
Siemens AG

/20/ Firmenschrift (1987)
Advanced Production Automation (APA), Veldhoven (NL)

/21/ Langhammer, D.; Temming, R.
Neue Steuerung für SCARA - Roboter
Siemens Energie & Automation 9 (1987), S. 79 - 83

/22/ Blume, C.; Jakob, W.
Programmiersprachen für Industrieroboter
Vogel Buchverlag Würzburg, 1983

/23/ SIROTEC RCM2/RCM3
Programmieranleitung (1987)
Siemens AG

/24/ SIROTEC RCM3
Rechnerkopplung (1988)
Siemens AG

/25/ VDI 2863, Blatt 1
IRDATA - Allgemeiner Aufbau, Satztypen und Übertragung
VDI-Verlag GmbH, Düsseldorf (1987)

/26/ Industrial Robot DATA
Standardisierte Schnittstelle zwischen Roboterprogrammierung und -steuerung
Tagungsbericht, KfK, Karlsruhe (1988)

/27/ Weck, M.
Werkzeugmaschinen
Band 3, 1989, VDI - Verlag

/28/ Gampp, W.; Salmen, A.; Schmadalla, U.
Roboter, mit SIROTEC PS1 jetzt auch off-line programmierbar
Siemens Energie & Automation 7 (1985) Heft 2, S. 180 - 182

/29/ Hurrion, R. D.
Simulation - Application in Manufacturing
IFS (Publications) Ltd., Uk

/30/ Robotersimulation und -programmierung am Bildschirm
Firmenschrift, (1986) Mc Donnell Douglas Information Systems GmbH

/31/ CATIA - Computerunterstütztes graphisch interaktives dreidimensionales Anwendungssystem
Firmenschrift, (1986) IBM

/32/ CATIA Robotics
Firmenschrift, (1988) Dassault Systems

/33/ ROBCAD, Aufbau von Arbeitszellen, Simulation und Offline - Programmierung
Firmenschrift Technomatix, 1988

/34/ Adler, A.
Höhere Flexibilität von Produktionsanlagen durch Offline - Programmierung der Industrieroboter
ZwF 83 (1988) 7

/35/ Duelen, G.; Bernhardt, R.
Off-line-Programmiersystem
ZwF 82 (1987) 6, S. 317-320

/36/ Spur,G.; Furgac,I.; Kirchhoff,U.
Robot System Integration into Computer-Integrated-Manufacturing
Robotics & Computer-Integrated Manufacturing, Vol. 3 No 1 (1987), S. 1-10

/37/ Milberg, J.; Wrba, P.
Roboter-Einsatzplanung und Offline-Programmierung mit USIS
ZwF 81 (1986) 9

/38/ Kreis, W.; Harkort R.
Zitterspiel und Kompensation
Roboter 5/87

/39/ Ravani, B.; Hornick, M. L.
STAR - A Simulation Tool for Automation and Robotics
IFS Publications Ltd. (1988)

/40/ SMS Simulation mechanischer Systeme
Firmenschrift (1989), Siemens AG

/41/ AML/2 Application Simulator
Firmenschrift IBM Robotics Operation Europe

/42/ Zühlke, D.
Offline-Programmierung numerisch gesteuerter Industrieroboter
VDI-Verlag (1983)

/43/ Pritschow, G.; Bauder, M.; Schumacher, H.
Allgemeine Lösung der Koordinatentransformation für Industrieroboter
HGF-Kurzbericht, Industrie-Anzeiger 8/1987

/44/ Schmidt, U.; Ameling, W.
Modulare Koordinatentransformation für die Robotersteuerung
Rogowskiinstitut der RWTH-Aachen (1987)

/45/ Weck, M.; Niehaus, T.; Osterwinter, M.
Robotersysteme S. (1986)

/46/ Niehaus, T.
Rechnergestützte Anwendungsprogrammentwicklung für Industrieroboter und flexible Automatisierungsgeräte
Fortschritt-Berichte VDI, Reihe 2 Nr. 138
VDI-Verlag (1987)

/47/ Warnecke, H. J.; Schraft, R. D.
Industrieroboterkatalog '87
Vereinigte Fachverlage (1987)

/48/ Waibel, G.
Kommunikation - die Basis neuer Systemarchitekturen und durchgängiger Verfahrensketten für das Engineering und die Automatisierung
Kongreßbeitrag

/49/ Eversheim,W.; Weck,M.; König, W.; Pfeifer, T.
Produktionstechnik auf dem Weg zu integrierten Systemen -
Bausteine flexibler Fertigungssysteme
AWK Aachener Werkzeugmaschinen-Kolloquium 1987
Tagungsband S. 119 - 164, VDI - Verlag

/50/ Robex-M, Offline Programmiersystem
Sprachbeschreibung
WZL, TH Aachen (1988)

/51/ Ranky, P. G.; Ho, C. Y.
Robot Modelling
IFS (Publications) Ltd. (1985)

/52/ Spur,G.; Krause, F. L.
CAD-Technik
Carl Hanser Verlag (1984)

/53/ IGES Version 3.0 (1986)
Normenausschuß Maschinenbau im DIN (NAM)

/54/ Giloi, W. K.
Interactive Computer Graphics
Prenice-Hall, Inc. (1987)

/55/ Newman, W. M.; Sproull, R. F.
Grundzüge der interaktiven Computergrafik
McGraw-Hill Book Company (1986)

/56/ Herrington, S.
Computer Graphics
McGraw-Hill (1983)

/57/ Plastock, R. A.; Kalley, G.
Computergrafik
McGraw-Hill (1987)

/58/ Umlauf, R.
Zeichnerische Darstellung mit verdeckten Kanten
CAE-Journal 1/84

/59/ 3D-Stereo-Farbgrafikarbeitsplatz
Firmenschrift Tektronix

/60/ DeHoff, R.
The next Generation: Computer Graphics in Three Dimensions
Tekniques, Vol. 10 No.1 (1986), S. 28 - 31

/61/ Gellert, W.; Kästner, H.; Neuber, S.
Fachlexikon ABC Mathematik
Verlag Harri Deutsch (1978)

/62/ Blaschke, W.
Projektive Geometrie
Verlag Birkhäuser (1954)

/63/ Bronstein, I. N.; Semendjajew, K. A.
Taschenbuch der Mathematik
Verlag Harri Deutsch (1987)

/64/ ASEA-Offline Programmierung-User´s Guide
ASEA BROWN BOVERI (1988)

/65/ Keppeler, M.
Führungsgrößenerzeugung für numerisch bahngesteuerte Industrieroboter
Springer-Verlag (1984)

/66/ Desoyer,K.; Kopacek,P.; Troch,I.
Industrieroboter und Handhabungsgeräte
Verlag Oldenbourg (1985)

/67/ Spur,G.; Auer,B.H.; Sinning,H.
Industrieroboter - Steuerung, Programmierung und Daten
von flexiblen Handhabungseinrichtungen
Carl Hanser Verlag (1979)

/68/ Bögelsack, G.; Kallenbach, E.; Linnemann, G.
Roboter in der Gerätetechnik, Hüthig - Verlag (1984)

/69/ Heiß, H.
Die explizite Lösung der kinematischen Gleichung für eine Klasse von
Industrierobotern
Institut für Informatik, TU München (1985)

/70/ Wieleba, R.
Entwicklung und Realisierung eines Softwaremoduls zur Berechnung der
Rückwärtstransformation für vertikale Knickarmroboter
Studienarbeit, RWTH Aachen, WZL (1989)

/71/ Zühlke, D.; Osterwinter, M.
Graphische Robotersimulation - GROSIM bietet effektive
Roboterprogrammierung und Betriebssicherheit
Elektronik Nr. 10, 1985

/72/ Weck, M.; Osterwinter, M.
Interaktives graphisches Robotersimulationssystem
Computer Aided Techn. in der Fertigungsindustrie

Kongreßvortrag CAT '86, Stuttgart (1986)

/73/ Pritschow,G.; Spur,G.; Weck,M.
Simulationstechnik in der Fertigung
Hanser Verlag (1986)

/74/ Weck, M.; Osterwinter, M.
Steuerungsorientiertes Robotersimulationssystem GROSIM auf Basis von PC-Hardware
Springer Verlag (erscheint 1991)

Laseroptische 3D-Konturerfassung

Modellierung und systemtheoretische Beschreibung eines Sensorsystems

von Bernhard Bundschuh

1991. X, 192 Seiten (Fortschritte der Robotik, Bd. 8; hrsg. von Walter Ameling und Manfred Weck) Kartoniert. ISBN 3-528-06427-7

Die Lösung einer Vielzahl technischer Probleme erfordert den Einsatz von Sensoren oder Sensorsystemen zur Gewinnung von Informationen über Form und Beschaffenheit räumlicher Objekte. Das Buch bietet die systemtheoretische Beschreibung und Modellierung einer 3D-Konturerfassung.

Häufig eingesetzte Sensoren sind: Mikrowellensensoren, Ultraschallsensoren, Kamerasysteme sowie laseroptische Sensoren. Das Buch bietet die systemtheoretische Beschreibung und Modellierung einer 3D-Konturerfassung. Der Schwerpunkt liegt dabei auf der Sensoroptik. Grundlage der Modellierung der Optik ist die numerische Durchrechnung des Strahlengangs mittels selbst entwickelter Ray-Tracing-Software. Diese wird auch für das Design verschiedener Optiktypen auf dem Rechner verwendet. Die elektronischen und opto-elektronischen Komponenten werden insoweit berücksichtigt, wie sie für das systemtheoretische Modell relevant sind. Basierend auf dem systemtheoretischen Modell werden Verfahren zur Verbesserung der Winkelauflösung durch Nachverarbeitung der Ergebnisse der Konturvermessung entwickelt.

Verlag Vieweg · Postfach 58 29 · D-6200 Wiesbaden

Bediengeräte zur 3D-Bewegungsführung

Ein Beitrag zur effizienten Roboterprogrammierung

von Hans-Georg Lauffs

1991. X, 114 Seiten (Fortschritte der Robotik, Bd. 9; hrsg. von Walter Ameling und Manfred Weck) Kartoniert. ISBN 3-528-06439-0

Zur Bewegungsführung von Industrierobotern werden häufig Bediengeräte mit Drucktasten eingesetzt. In Verbindung mit älteren Steuerungen wirkten diese Verfahrtasten direkt auf die Gelenkachsen, so daß das exakte Anfahren eines Bahnpunktes einiger Übung bedurfte. Ergonomisch gestaltete, d. h. an den Menschen angepaßte Bedienelemente zur Bewegungsführung müssen Aktionen des Programmierers unkompliziert in Roboterbewegungen umsetzen. Ausgehend vom Aufbau und der Steuerung moderner Industrierobotersysteme beschreibt das Buch Verfahren, Sensoren und neu entwickelte und praktisch realisierte Bediengeräte.

Verlag Vieweg · Postfach 58 29 · D-6200 Wiesbaden